数字+生态

21世纪先锋建筑丛书

URBAN ECOLOGY

薛彦波 仇宁 主编

生态建筑+生长模式

Vincent Callebaut 的设计实践

中国建筑工业出版社

图书在版编目(CIP)数据

生态建筑+生长模式——Vincent Callebaut 的设计实践/薛彦波，仇宁主编.—北京：中国建筑工业出版社，2011.7
21世纪先锋建筑丛书
ISBN 978-7-112-13290-4

I. ①生… II. ①薛… ②仇… III. ①建筑设计-理论 IV. ①TU201

中国版本图书馆CIP数据核字（2011）第109135号

责任编辑：张幼平
责任校对：陈晶晶 赵颖

21世纪先锋建筑丛书
生态建筑+生长模式
——Vincent Callebaut 的设计实践
薛彦波 仇 宁 主编
*
中国建筑工业出版社出版、发行（北京西郊百万庄）
各地新华书店、建筑书店经销
百易视觉组制版
北京顺诚彩色印刷有限公司印刷
*
开本：880×1230毫米 1/32 印张：6½ 字数：354千字
2011年6月第一版 2011年6月第一次印刷
定价：58.00元
ISBN 978-7-112-13290-4
(20718)

今天的建筑学面临空前严峻的挑战，住宅、交通、土地利用方面的问题以及能源和资源日益枯竭、生态环境恶化等，正以人类生存发展的大命题方式直接逼问；而在建筑学专业内部，受学科自身自律发展内在动力的驱使，求新求变的欲望日益强烈。那些困扰着历代建筑师的基本命题依然等待着与时俱进的解答：什么样的造型风格能够反映时代的精神？建筑怎样满足所处时代社会生产和生活提出的各种复杂的要求？建筑对于人的意义是怎样的？如何定义建筑之美？建筑学的发展方向何在？应当怎样处理继承与革新的矛盾？新的科学技术为建筑提供了什么新的可能性……

回顾20世纪的后四十年，世界建筑领域表面喧嚣，实则沉闷。后现代主义、新现代主义、解构主义，你方唱罢我登场，各领风骚十几年。尽管建筑师和建筑理论家们可谓是呕心沥血，花样百出，但这些流派与运动最终也只是对现代主义建筑某些方面的不足，如人文关怀和个性特色方面的缺失进行修正和改良，很难说有多少实质性的突破。预示和制约未来发展方向的信息和条件更多来自建筑学之外，这远远超出了仅将研究重点局限于形式与风格的探索者的视野。

在西方发达国家渐次进入后工业时代之后，社会生产与生活方式已经发生了深刻的变化：社会日益富裕，消费成为影响社会运转最重要的因素之一；福柯、德里达、德勒兹等后现代哲学家的思想广泛传播；计算机、材料技术、互联网及信息技术飞速发展；全球化趋势加速；由能源危机引发，人们开始对可持续发展及生态危机进行全方位思考等。在内部自律发展的驱动力之外，正是这些变化外在地影响或制约着建筑学的发展趋势。

后现代哲学思想

现代科学将理性主义导向排除主观因素介入的完全客观的一元论，结构主义哲学更是将生动真实的大千世界归结为简单的秩序与普遍性法则，世界的复杂多元性被视为肤浅的表象，而被简化归纳的结构秩序等同于本质。

20世纪60年代以来，福柯、德里达、德勒兹等后现代哲学家的思想日益受到重戈，他们在各自著作中从不同角度对现代主义的一元宏大叙事的权威性进行不留情面的反驳与颠覆，揭示真实世界的多元复杂性以及长期被主流文化忽略压制的非主流亚文化的价值与意义。后现代主义意味着一种世界观或生活观，即不再把世界视为统一的整体，而强调其多元、片段化和非中心的特点。

以德勒兹为例，他的思想有意挣脱和抵抗既有的或传统的社会文化的束缚，以开放性、增值性的思想观念阐释世界的多元和生命的混沌。他借助“块茎”、“高原”、“褶子”、“游牧”等概念，提倡充满活力的差异、流变、生成、多元的后结构主义观念。德勒兹的“褶子”象征着差异共处、普遍和谐与回旋叠合，有无限延展、流变和生成的开放性和可能性，是统一与多元性共存的平台。在经济全球化与文化数字化的时代，褶子导致人类转向开放空间，从而生产出新的存在方式和表达方式。“游牧”指由差异和重复运动构成的、未结构化的自由状态，事物在游牧状态下不断逃逸或生成新的状态。“块茎”是非中心、无规则、多元化的形态（区别于树状结构的中心论、规范化和等级制），块茎图式是生产机器，它通过变异、拓展、征服和分衍而运作，永远可以分离、联系、颠倒、修改，是具有多种出入口及逃逸线的图式。

致力于探索建筑学发展的当代新锐建筑师在这些后现代思想家的理论中找到了打破理性主义束缚的思想依据；20世纪中叶诞生的非线性科学理论为突破线性科学对人类思维的制约、研究复杂多元的问题提供了全新的视野与理论方法。传统的艺术及建筑创作原则如统一、协调、完整性等也随之丧失了合理性的基础，而漂移、变异、流动、生成等成为建筑创作中常见的观念。当然，就像德里达的解构哲学中一些概念被生硬地借用到建筑领域一样，德勒兹的后结构主义哲学概念也存在被庸俗化、工具化的状况。一些建筑师和建筑理论家从他众多的哲学新概念中提出一部分，只是作了望文生义的意象化处理，并在建筑的形态中以直接或隐晦的方式表现出来。

消费社会和图像化时代

后工业时代消费社会的基本逻辑是人们能够通过消费的对象定义自身的个性和身份地位，这种情况下，人们消费的主要是物作为标示差异的符号意义，于是，作为消费对象的空间，其形态的识别性和差异性就显得尤为重要。另外，在信息和图像化风潮的影响下，建筑形象吸引了越来越多的公众的关注，建筑师也需要个性鲜明的作品来获取成就与名声。事实上，一些建筑的影响早已超出建筑领域成为公共话题，而其建筑师也像娱乐明星一样风光无限。这种对外观形象的重视在数字虚拟、高速计算机的结构计算和图像信息传播技术的支持下更显出先声夺人的优势，形态和表皮成为建筑学研究的热点，建筑方案的表现手段已经反过来开始影响设计的理念、程序和方法。

全球化

信息技术的发展造成了新一轮的“时空压缩”，也促进了文化和社会生活的巨变。全球性的信息和资源流动正在改变着人们的生存条件，一些原来的区域性、地区性的观念产生了新的变化。非物质化的虚拟生存、虚拟社区的发展切实改变了人们的生活观念和生活方式，也引发了空间场所与人的关系的进一步变异。在今天，技术劳动力分配的全球化程度越来越高，建筑师跨地域从事设计实践已经是普遍现象，尤其是一些有国际影响的明星建筑师，在全世界的建设热点地域都能看到他们的身影。

生态危机与可持续发展战略

人类近两百年来对能源和自然资源毫无节制的滥用所导致的恶果在近几十年中集中地显现出来。今天的世界面临资源枯竭、能源危机、生态危机、环境危机、人口膨胀、发展失衡等诸多问题，总起来看就是人类的生存危机。

建筑是人类最重要的生产活动之一。我们从自然界所获得的50%以上的物质原料都是用来建造各类建筑及其附属设施，这些建筑及设施在建造与使用过程中又消耗了全球50%左右的能源。在环境的总体污染中，与建筑有关的空气污染、光污染、电磁污染占34%，建筑垃圾占人类活动产出垃圾总量的40%以上。作为资源利用和环境污染的大户，如何提高综合循环利用，探索节约资源、能源，减少环境污染、提高建筑科技含量和经济效益的绿色可持续性建筑，是建筑界当前面临的最大课题。

国际建筑设计界对建筑的认识在观念上已经发生了重大转变：如从注重建筑作品本身的经济、技术、艺术价值扩展到建筑作品的生态价值和社会价值，从注重建筑产品的建造过程转向注重建筑产品的整个生命周期等。

计算机、新材料、新技术

千百年来，建筑师遵循着线性思维方法，依靠自己的空间想象力，在头脑中设想建筑形态和空间关系，以二维的图纸或三维实物模型表达设计成果（其间虽有高迪这样的天才尝试突破，但毕竟是个例，且由于建造技术落后，其作品历百年未能完成）。今天，借助于计算机的数据和图形分析技术、虚拟技术和数字化控制制造技术，自由的、流动性的、形体和空间关系的复杂程度远远超出人想象力的非线性形体可以轻松地设计并制造出来。计算机技术不仅是建筑形体设计及成果表达的手段，随着编程、参数设计、形体生成等方法的普及，它对建筑设计的影响已经上升到观念和方法论的层面。当前的数字建筑，不仅其设计过程高度依赖计算机软件技术，在建造手段上也离不开数控机床等计算机辅助制造技术。

此外，层出不穷的各种新型建筑材料（如高强度材料、节能材料、环保材料及各种综合材料等）和节能环保技术，也为建筑探索提供了有力的技术和物质材料支持。

无论对于形式风格探索还是生态、节能、环保、结构和空间等内在品质的提高，突飞猛进的计算机技术为建筑学打开的是一扇革命性的大门。

具备了哲学的、社会的、经济的和科学技术的条件，似乎建筑学的发展就要掀开新的一页了。

20世纪初,建筑史上最具颠覆性的变革——现代建筑运动的发生即是如此。在其影响下，人们对于建筑功能、建筑美学、建造技术、材料科学，乃至对于建筑价值层面的理解，都发生了革命性的转变，并且控制世界建筑领域达半世纪之久。现代建筑运动虽以集中、爆发的方式出现，但其酝酿的时间却在百年以上，综合了工业革命以来政治、经济、科技、哲学、人文、艺术等各领域的成果才得以实现，又恰逢两次世界大战造成的巨大的建筑需求量，其影响才达到如此深远的程度。

21世纪已经过去了10年，今天回顾百年前的现代建筑运动，并非暗示我们又站在了建筑革命的转折点上，因为有太多的不确定性让我们无法作出如此乐观的判断。任何建筑思潮和风格的产生，都与当时的时代背景息息相关，在价值和评价标准多元化的后现代社会里，再期待出现一种像现代主义一样放之天下而皆准的主流建筑设计思想或风格显然已不合时宜。

当前城市、社会和自然环境面临的问题，对于建筑学的发展来说是严峻的挑战，也是难得的机遇。在建筑师多元化的探索中，有两个大的方向已成热点：一个是延续建筑学自律发展的惯性（这也是多数建筑师最热衷的），进行功能、建筑空间及形式风格方面的探索，计算机虚拟技术为这种研究提供了前所未有的条件；另一个是从可持续发展的立场，致力于研究节能、环保的生态建筑。也有很多前卫建筑师将这两个方向综合起来，在进行功能、空间及形式风格等方面研究的同时，探索一种充分利用最新科技成果的，能够让人、自然和社会和谐相处的可持续性建筑。

本丛书选择在这两个方向的理论研究和设计实践方面有较大国际影响的建筑师或建筑事务所的作品作较为详细的介绍。Vincent Callebaut提出的“信息生态建筑”是一种智能并可与人类灵活互动的建筑原型，一个联系了人与自然的有生命的界面。他的研究力图将非有机的建筑系统进行有机化改造，以使这种能取得人类与环境平衡的新的绿色建筑融入生态系统中。IaN+事务所的新生态学并不限于常规意义上的生态环保，而是指与建筑相关的地理、气候、经济、人口、技术、艺术、文化等因素的复杂关系系统。他们的研究以一种特殊的方式将建筑、景观与这个复杂系统联系起来，进而激发有益的资源利用及技术开发。Greg Lynn是数字建筑理论的奠基者之一，从20世纪90年代中期开始，其事务所就已经成为利用动画软件进行建筑设计的先锋，其创新实践在年轻建筑师当中产生了广泛的影响。他的研究致力于以建筑形式表达当代技术的流动性、灵活性及复杂性，并创造性地将建筑的功能性、文化性和建造的可行性与电脑技术支持下的形态表现方式联系起来。R&Sie(n)事务所探索了通过技术虚拟手段把握不可接近的世界的可能性。为了打破理性实证主义和决定论对建筑的限定和约束，他们尝试利用动荡、不安的暂时性和偶然性，结合一系列既定的解决方案，来完成一种介于梦幻时光和未来之间的建筑。ONL是由艺术家、建筑师和程序员共同组成的多学科的建筑设计工作平台，他们在设计和生产过程中融入高超的交互式数字技术，将富有创造力的设计策略与大规模定制的生产方法相结合，使构成元素各不相同的几何形复合结构的建造成为可能。

这些国外新锐建筑师的研究与实践创造力、想象力丰富，成果显著，为建筑学发展乃至人类生活方式的转变提供了新的启示与思路。但作为实验性的前卫建筑探索，其发展还面临着一系列外在条件的制约。对于数字建筑和生态建筑，其设计与建造需要有雄厚的经济和技术力量支撑，另外，在日益全球化的时代背景下，这些前沿的建筑设计研究与实践如何与项目所处的自然、社会、经济和文化环境的相适应等，都需要大量细致的深化研究工作。所以，尽管它预示了建筑学发展的一种方向，但对我们来说，这些前卫探索最值得学习的应该是其研究的态度、立场和方法，而不是方案的生搬硬套或低级的形式模仿。

contents | 目录

生态信息建筑

当代城市问题

从20世纪末开始，城市就已经变得混杂而分裂，目前，世界上一半的城市人口居住在人口达100万以上的城市当中。中国已经有23个人口在200万以上的城市（注：此为2009年数据），每年还有七千万人自乡村流向城市寻求工作机会和财富，而其中的一半都聚集在市区内。根据人口统计学的预测，截止到2050年，三分之二的人类将在饱和至即将爆裂的城市中生存！

大量巨型城市的涌现给健康、教育、住宅、交通、环境等问题带来了巨大的挑战。无计划占用林地的城市快速地吞噬着土地资源，造成土地性质的根本改变，也令其外围的自然环境不断地恶化。城市规模的扩大打破了社会平衡，使由多样性与人类空间的亲近性所创造出来的联系被破坏，与此同时也增加了社会的不平等性，将不同的社会群体孤立了起来。城市发展失控导致忽视基础福利的分配，也粉碎了城市原有的完整组织和地域的和谐性，增加了不安全感；都市发展集约化的特性导致其对环境产生的影响巨大：城市正在经历着空间消费和稀有资源（水、能量等）使用所带来的严峻问题，并同样制造了许多麻烦（空气污染、废弃物、噪声等）；环境质量的下降直接威胁公共健康；城市需求预算增加了许多危险的影响因素；在压制空间的基础设施的同时生成一种真正持续增长的“都市化贫民窟”。事实上，城市的外部区域的扩张也成为一种阻碍，使其自身趋于贫穷而被边缘化。2005年，世界上23%的城市人口都生活在不断增长的贫民区当中，这些贫民区构成了人类和平的定时炸弹和巨大的政治问题的肇因！城市化引发了我们对未来城市身份的反省：城市所拥有的是一个导向错误的自然。

生态危机

当前，“全球生态危机”呈愈演愈烈之势，如卡塔丽娜飓风、海啸的毁灭行为、生物多样性的破坏、资源枯竭和大气污染的加剧等。作为具有自我觉醒天性的人类，已经认识到问题的严重性。罗马俱乐部在发表于1972年的研究报告《增长的极限》中对世界发展趋势的担忧在今天看来仍然振聋发聩：“人类社会的未来进程，甚至人类社会的生存，也许就取决于世界对这些问题作出反应的速度和效率。”我们的星球再也无法承受人类的掠夺与开发，“京都协议”和1992年在里约热内卢召开的地球高峰会议形成的“21世纪议程”都号召采取一致行动，遏制生态环境继续恶化。

在以用地扩展为基础的都市扩张影响下，土地变得贫瘠、窒息、拥挤，生物多样性也面临严重威胁，建筑师和城市设计师必须和生态学者们联合起来，尝试使用生态工程技术来加速生态系统恢复和愈合的自然进程。面对自然资源的损耗、生态系统的破坏、生物种类的减少、水质污染、温室效应以及全球变暖的趋势，可再生能源（太阳能、热能和光电能、风能、水能、渗透能、地热、潮汐能、生物能、燃料电池）和生物技术（仿生技术、生理结构、亲缘整治、生物补救、遗传学）将成为建设生态城市的有效手段。

对生态建筑的研究，根本目的在于提高建筑项目改善环境、保护环境甚至恢复生物多样性的能力。要达到保护自然的可持续发展的目的，一方面要尽量控制人类的破坏性活动的地域范围——这使得更大面积的自然能够获得恢复和改良的空间；另一方面是在必要的建设活动中尽量减少对自然的伤害，比如尽量减少对原材料和能源的消耗，提高建筑物能源自我供给能力，提高资源的重复循环利用率，保护周边的动、植物资源，提高建筑环境的灵活适应性和生态兼容性等。

可持续发展的理念

如我们所知，增长是一个数量性的过程，它曾经被用来衡量交易产生的财富。但是，当发达国家变得空前富有以后，增长因过于重要而变得畸形，这一模式不断地保持并加大贫富国家之间、同一国家内贫富人群之间、同一地区或城市之间的不平等，最终导向一个两极化的世界。经济增长导致都市领域的扩张，然而经济增长并不是无限的，都市扩张也同样有限，对发展的控制和规划因而成为了急迫的任务。随着增长的“信条”带来的本质上的社会性排斥，以及对自然环境造成的无法挽回的破坏，我们狭窄而有限的世界性社会受到了质疑：它不能不考虑社会进程、社会公平、环境与自然资源的保护以及对于文化多样性的尊重等因素。为了应对当前世界面临的经济、社会、环境以及文化等方面的多重挑战，可持续发展的思维应运而生。

可持续发展是一种调和了经济、社会、环境以及文化的发展过程，它可以在这几个方面之间建立有效的循环。城市就像一个世界体系内不平衡因素的共鸣箱，所有的问题在其中都有直接的反映：都市开发、交通、自然资源的生态策略、能源和废弃物、社会经济的可持续性、对于传统和文化及其识别性和多样性的提倡，等等。城市发展的路在哪里？除了从政治道德规范上提倡可持续发展的观念外，更重要的是直面一些难以解决的问题：低效率的土地开发和利用；交通问题；污染问题；全球化与信息化；气候变化；生态危机；人口问题；等等。

所以，可持续发展战略下的建筑设计就不仅仅是为人类设计宜居空间这样单纯的问题，而与通过引入生物多样性，围绕山丘、洞穴、裂缝、阴影、阳光、潮湿区域、草本层、悬浮花园及有机空间或其他综合区域来发展它的动植物体系，以创造自然或人工的、符合当地情况的环境有关。具有良好生态兼容性的建筑空间被鸟类、昆虫、鲜花、草丛、哺乳动物、两栖动物以及树木环绕，建筑师不仅要反思项目的空间复杂性，还要考虑为这些新建生态系统的居民进行自我维护、自我管理和自我更新创造良好的条件。

Vincent Callebaut的探索

面对复杂的城市问题和生态危机，Vincent Callebaut引入了一个准“未来主义者”对于当代城市的观点，始终将焦点集中在长期可持续发展的方向上。Vincent Callebaut提出了一个不寻常的概念：建立一个理想的“生态都市”，在这个“生态都市”当中人们能够持续快乐地生活。为达到这样的目的，就要克服一系列的挑战：如何清理城市中的废弃物、污染物，如何建立起具有亲和尺度的服务网、雇佣制度以及教育系统等。Vincent Callebaut将他的第一步落在了一个由不同的生活方式、社会等级以及不可分割的自然及文化和谐共存所构成的共同体上。他的尝试具有明显的社会性：他所要面对的挑战是重新建立集约型的空间，具有社会性内涵并令所有的居住者都满意的空间，无论这些居住者是本地人还是外来者，是新居民还是老住户，年轻还是高龄。他的工作方法也具有明显的政治方面的意义：如果遇到难题需要地方民选代表表决时（城市的强制预算、长期持续发展带来的意识和知识上的挑战等），至少应该留给专业的城市规划人员一个名额。Vincent Callebaut将专业人员放置在面对城市挑战的中心地位，诸如先进意识的推进者、实施者，甚至可持续发展战略在城市系统中应用的决策者等。他们所面临的挑战也包括理解高效性、现代化、反应能力的含义，应当能够不断地从其专业的角度反馈不同寻常的问题。我们是否知道什么是独创性、创造性、普遍性，并且有能力将城市的新情况考虑在内？我们是否知道怎样去对新的生活方式作出回应？我们是否知道怎样创造新的都市形态？如果用一句话来表达，那就是我们是否知道怎样参与到对抗消极的都市开发当中来，同时为未来的城市及其居住者提出一个可持续发展的替代方案？

站在多学科的交叉点上，Vincent Callebaut质疑传统的功能和角色划分，城市设计师、建筑师、景观建筑师、城市规划人员、投资者、生态学家等城市专家会为城市发展描绘未来图景。有时是真实的城市设计者，有时是城市外貌改造者和当地居民，有时是专家给出区域性的评价，而聪明的媒体则去占领那些具有投票权的人——公众，有时是不同技术背景和角色的综合，他们作为城市发展的决定者受到Vincent Callebaut的邀请来担当建设“生态都市”的先锋，来挑战这一当代世界性难题。由于可持续发展的问题所激发的兴趣不是一种模式，也不是一种暂时的偶然现象，它真正的重要性在于一种当今社会权力的转移。

新信息和通信新技术

在探索积极的能源利用策略和研究维护生物多样性的同时，我们还面对着一个全球性信息爆炸的世界，每一个人都能在不受任何实质性的制约的情况下跨过有分歧的、开放的、可变通的混沌虚拟空间去挑战世界上任何一个地方的强大数据库。尽管人类希望拥有一个能够持续发展的重新规划的真实世界，但是在已经成为地球村的世界里，全球是通过一个特别的大脑——因特网——来运行的，它以其强大的神经末梢将人类真正的神经中枢联系起来，进而控制每一个世界公民的日常行为和生活。全球化时代的文明是持续相互作用、相互交汇、相互递减，又在新的身份下相互关联的。万维网、维基、瞬时电邮、再地域化、独立革新的涌现、时空加速、电子商务、社会导览、个性解放、通过传输-控制通信协议开展远程工作等，这一切都是生活于网络文明和虚拟空间中的这一代建筑师所面临的新主题。

在建筑领域，通过信息通信新技术的软硬件驾驭信息，让人能够对自然环境和人居环境进行随心所欲的改变。为了提高人类生活的改善速度，新的信息通信技术所建立的神经系统在建筑、信息和生态环境之间建立了一种交流的参数模式，如科学和意识、肉体和精神取得了紧密的关联。

建筑＋生物＋信息技术

建筑、生物体和新信息通信技术的结合可以实现中国古代“天人合一”的思想。在中国人的认识里，关联比分离更重要，而时间和空间是机会和场所，它们是相互依赖的，和谐地构成了宇宙的秩序。人应该顺应自然的法则，而不是与自然对立。

在建筑领域，应用科学技术可以使得我们设计出新的智能化和交互作用的建筑原型。建筑变成一种全球生态危机的生物科技疗法，一个联系了人与自然的有生命的界面。在这项研究专题下的建筑项目致力于研究一种有机系统，这种系统具备将非有机系统或可有机修改的系统进行提高的技术手段。它们试图了解生命体的功能机制，以便将人的创造性与其结合以适应特定的生态系统。它们遵循一种基于或简单或复杂的几何算法所定义的生成规则。

信息生态建筑的要点就是在可持续发展当中与环境保持互动，这是一种自我管理的方式，以实现有机物、工业材料和生活性材料的回收循环和实时配置，保持生态演化、生物和基因多样性。所有这一切都引导着我们走向一种新的人工地理，一种有利于建立新生命循环的有活力的生态系统。它们具有非常好的灵活性和变通性，能够像真实的、活的有机体一样进化，可以移动、改变，可以主动适应其所处的环境并能实现完全的能量自给。应当感谢新的生物技术和电信系统技术所提供的最大程度的空间和时间的灵活性，这些涉及当前城市化的进化转型的项目能够更好地适应已经饱和的环境。

景观建筑是对传统建筑“土方工程”做法的颠覆，这些对景观隐秘和短暂的改变联系了艺术和自然，这项运动是在其领导者大地艺术家Robert Smithson的指导下进行的。景观建筑体现了世界范围内城市发展的第三步。实际上，经历了在地景中建设城市和在城市中建设城市之后，现在到了在城市中营造地景的时候了。从这个角度看，所有的建筑和基础设施网络都被当作抽象化的地理元素和扭曲的生态系统。这里所展示的项目是关于在生活中建立自然环境的尝试，在其中生态城市将自我进行了再移植，自然地引向了在人类和景观之间的自动整合和生物融合的过程。

生长过程。大规模的城市化是21世纪开端的一个主要表现，只有对城市化过程进行有效的控制才能在本质上掌控生态保护的步伐。利用信息的、科技的以及概念上的方法，建筑师能够成为增长进程和关联互动中的空间形态的程序师吗？有进步中的动态的建筑模型制作技术及地理信息系统的信息整合能力协助，答案似乎是肯定的。这一部分的项目尝试着将建筑的存在及发展过程与有生命的动物、植物或矿物有机体的发育过程相融合，所以项目的最后阶段或总体规划的结果变得无法预见，如同它的空间构造一样是开放式的，并处于持续性的变化中。项目进展不再是符合常规、按部就班的，而是一直处在变化的进程中！这个进程是不稳定的、不平衡的、流动的、多重方向的、遗传编码性的以及具有生态适应性的。这种建筑生物体推进并呵护了城市生态系统在转变中生命持续的新平衡。

围绕着这些新的概念主题，明天的生态城市将会通过可能的自然和科学技术的相互融合持久地建立起来，Vincent Callebaut建筑事务所的项目设计了新的绿色的、可持续的、倾向于一种让我们人类的行为和环境达到适当平衡的建筑原型。

上篇
景观建筑

1

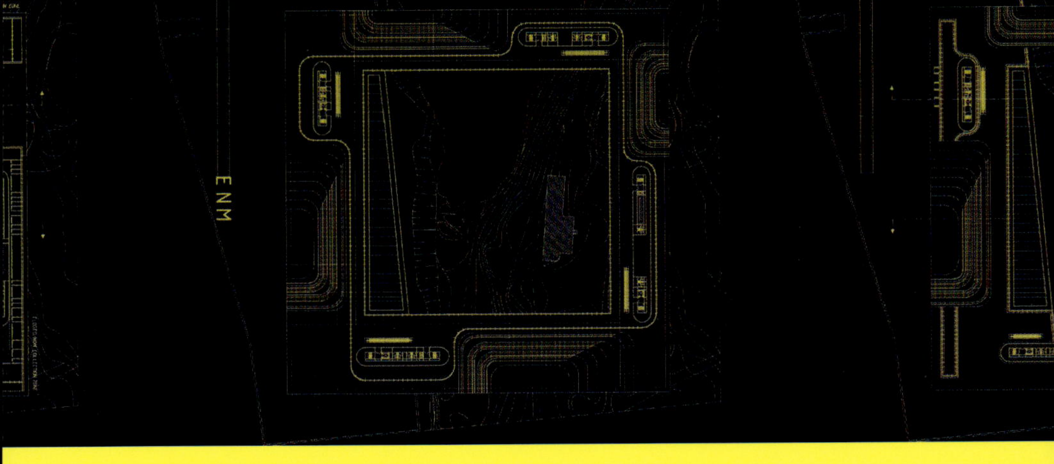

景观建筑

Vincent Callebaut，巴黎，2007年

自人类出现在地球上以来，已经有800亿个人出生并在这里生活过。我们不再拥有一个原始的大自然，取而代之的是一个被人类行为改造了地貌和地理特征的人工自然。今天，当代都市社会必须减少其过去的行为对自然造成的过于显著的影响。而这只有通过以与自然同样的方式、巩固不同层级元素的综合，来恢复其原有的充满活力的生态系统。为了形成成熟的不断重组的生物群落，游牧文明必须为交互式建筑及其构筑的环境的出现去探索一种新的替代型景观。

古老的欧几里得结构不断波动、交错，受到布尔体系的干扰，然后改变，被平滑地编织到其中来配合那些新的地质性的、分层的、交叠的、迭生的、具有内在联系的过程。举例来说，临近首尔的玄武岩崖壁和釜山的海平面以下的环礁这样的韩式生态建筑不易察觉地对地表进行着改变（这些建筑物的屋顶成为其重要的遮蔽物）；然而，像塔尔图“场地中的场地”和墨西哥城“生态都市信息图像中心”或者圣艾蒂安“移动转变”这样的例子则被层级化为开放的多层场地互相交叠的复合体。在自由曲线和圆弧之间、路径和顶点之间，加比特令延伸器具有了最为原始的标准，或者以粒子体系、动态物体以及网状或样条曲线的表面来替换它们，或者将土地与城市之间的对话变得更有魅力，更有成效。

协同电容器

在自然与技术这个双重世界的核心部位，当代的仿生学人通过一种可视以及不可视的流所产生的光谱域（基础设施系统、GPS、卫星、因特网、无线局域网、蓝牙）刺激神经元细胞所激发的电子补偿来不断进化。通过全球世界与我们的本土文化之间不断衰减的生物性现实与虚拟技术的乌托邦之间的相互反应，不断地寻找自身的当代识别性，并且通过科学技术性地融入景观当中，以其普适性来超越景观本身。这种生态系统是一个由人类的联合体或是社区（生物群落）及其地质、土壤以及大气环境组成的体系，而其本身的急迫任务则是通过催生一种相互依赖的新网络体系，使生命和种族能够持续地存在并发展，而再一次将生态系统的机制性元素重新组织在一起。

Vincent的建筑方案激发创造一种作为具有活力的复合体而被建造起来的生态系统，它与场地上自然或控制性存在的数据发生反应。他的生物建筑作为一种生物性元素（生物体在生存期间的行为：寄生、共生、互利共生等）与非生物性元素（非生物体在存在期间的行为：土壤、气候、化学反应等）之间的协同电容器。在人类的行为影响之下，生态性的衰退在近几十年迅速地加剧成为一种由复杂反作用圈所造成的持续稳定的波动，即使世界一半的人口都居住在都市，但三百万年以来人类的身体和精神通过与自然及其作用直接对话去不断地改造的自身。因而，Vincent所有的方案都尊重生态区独有的特性，它们通过这些特性来建立其自身的形态：地质环境、土壤环境、人力资源、动物群以及植物群。目标建筑被一种环境型建筑替代，这种建筑不仅能够与生态系统相互反应，还能够积极地生成一种适合自身的生态系统。打破建筑学与都市主义之间、客观物体与网络之间、自然与人工之间的疆界，这种建筑通过许多有机的物理性和化学性的诱因来将场地展示出来并令其发挥出积极的作用。应当感激的是空间模拟程序、参变量编程、生物技术以及可再生能源，这一项目才能够成为一个真正活性的建筑，从形式和心理上通过变异、污染、寄生、生态性吸收以及生物多样性来相互作用。

都市新陈代谢的能量需求相比一个自然系统要高十倍之多。所有用来供应城市需求的能量传输构成了“输入物”。这里存在着一种对于诸如天然气、电力、柴油、食品、建筑材料以及这些产品带来的辅助性材料的直接输入，被输入的能量替代太阳能来供给都市工业系统，每年大多数与太阳相关联的自然能源被放弃了。我们也可以评估被称作“输出物”的现存能源，这些能源来自对于输入物的能源性改变，它们组成了整个自然当中废弃物的主体。在城市的运行过程中，输入物和输出物成倍地爆发出来，污染了整个生态系统，将我们人类变成贪婪的、具有破坏性的、近似自我毁灭的野兽。

在这样的环境当中，利用正面能源的生态建筑技术方案所使用的新语言，Vincent期望能够重新发明一种新的语汇，通过对场地注入自然—技术的双重性来寻找一种创新的解决方案：悬浮中的生态小环境，微型风机的幕帘，立方体带有液体加热装置的表皮以及墨西哥城“生态都市信息图像中心”项目中的光学板、热稳定网，布拉格“红色猴面包树”项目中的热调节膨胀垫， 塔尔图“场地中的场地”项目中的光电地理以及多层叠合，首尔“风暴眼”项目中的色度等离子体、动能簧片修补以及通过潟湖进行的有机过滤，布鲁塞尔“断裂的巨石”项目中的有机断裂、锐利地穿孔而形成的带有感光纹样的表皮，路易港“轻轨线上的八个灯塔” 项目中的电脑半透膜、生态景观螺旋以及加拿大通风轴，都柏林“液态表皮”项目中带有重力净化系统的生态水族馆和易燃管等。在与风险性的社会相对的信息十字路口，Vincent所有的方案中最为普遍的策略就是将固有的潜在性全部组合到生态系统当中，去创造一种新的生态兼容的、混血的、可攀升的、不同种类的全球化建筑原型。

生物形态智能

通过混杂与不完全的纯化，建筑将它自身融入并剥落到褶皱和片段当中，并成为一种生物形态的空间，通过群落生境和原数据的扭曲、提取和沉浸来进行置换，将自然过程解码。人们认识到环境由于其所有的元素而处于不断的进化当中。这种永久的再生活动使更多地依赖于新陈代谢而非形式的有机体发展了出来。建筑物成为了生态智能性的东西，并且随着一种超级家庭自动化或是高级集住自动化的产生，能够远程实时地控制并调整单体或集合住宅的舒适、安全、维护以及其他电力、理疗和有机服务。建筑师兼程序员面临的挑战在于不同技术的交叉及其所带来的由程序协议并置引起的不一致性。

要实现与自然循环同时发生的技术性建筑的自动化管理，要求项目组的所有成员放弃为其他人作决策的想法，而将注意力集中在他们自己所关注的焦点上。从一开始就以个人化的需求、参与方式和居住状态为前提，通过不间断的反馈，在人—机器—自然三个向量之间不断校正行为模式。在能量尚自给自足的同时，建筑不断参量性地吸收和分享每一个人在数量、质量以及感官上的诉求，来将自身生成可变、模糊和不确定的整体。在当代城市的永恒冲突当中，这些准则通过创造出新的转换交界和不规则且可变的空间，从遗传学上对降低真实生活品质的空间进行解码与修正。

生物性建筑综合项目将技术与生物多样性结合在一起，通过缓解由于社会的密集性造成的涌涨和在生态都市的中心创造新的生命周期并使其得以循环来对实现可持续增长进行重新定义。

Lilypad,A Floating Ecopolis For Climatical Refugees Oceans / Mexico City,Mexico,2008

01 睡莲之城，气候难民的漂流生态城市

墨西哥城，2008年，墨西哥

睡莲之城是一个自给自足的两栖型城市原型，它是一个一半在水下、一半在水上的浮岛，能容纳5万居民。设计师的目标就是要创造一个人与自然和谐共处的环境，并通过建设流动性集体空间和适于所有居民交流的社会空间，开发一种新型的人类海上生存模式。

至2100年，地球将出现一大群生态难民

有人类活动以来，气候日益变暖，海平面日益增高。与先入为主的观念相反，根据阿基米德定律，北极浮冰的融化不会改变海平面上升这一事实，就像杯子里的一块冰块融化不会导致水平面上升一样。可是，事实上存在着两个巨大的不漂浮于海面的储冰库，它们的融化将把它们的体积转化成为一部分海水的体积，导致大洋水面上升。这两大储冰库一个是南极和格陵兰岛的冰盖，另一个是大陆冰川。海平面上升的另一个原因是，在温度的影响下，水的扩张对于冰的融化毫无作用。

根据GIEC（气候变化研究政府间组织）的预测，保守估计全球海平面将会在21世纪上升20～90厘米，而目前是50厘米（相比起20世纪的10厘米），专家估算地球表面温度每升高1度，海平面就会相应地上涨1米。这上涨的1米将会带来大约乌拉圭0.05%、埃及1%、荷兰6%、孟加拉国17.5%，还有马朱罗环礁大洋洲（马歇尔和基里巴斯群岛，继而是马尔代夫群岛）超过大约80%国土面积的流失。

如果最初的1米对于发展中国家超过5000万受影响的人口来说并不乐观的话，下一个上升的1米将会使情况更加糟糕。像越南、埃及、孟加拉国、盖亚那或者巴哈马群岛这样的国家和地区，将会目睹他们的大部分栖息之所在洪水过后变为沼泽，海水入侵破坏当地生态系统，他们最肥沃的土地将因此而变为荒芜之地。纽约、孟买、加尔各答、胡志明市、上海、迈阿密、拉各斯、阿比让、雅加达、亚历山大……如果我们不采取相关的应对措施，那么，不低于250万的气候难民和9%的GDP将受到威胁。这已由OECD（世界经济合作与发展组织）一项研究得以实证，并且挑战着我们进行生态设计的想象力！

海平面上升的问题没有被提上法国的Grenelle环境协议议程。就环境危机和气候移民而言，这个问题对于从紧急反应战略转向一个适应和持久的预期战略来说是很原始的，然而很令人惊讶的是，尽管一些岛屿正在消失，但政府看起来并没有过分担忧海平面上升问题。更加令人吃惊的是，发达国家的人们不断地冲向地中海沿岸，在那里建设生活区——那些建来就是要献给某一场洪水的房屋和建筑！

SEA-TO-AIR
HEAT TRANSFER
Gulf
Stream
Gulf
Stream
ATLANTIC
OCEAN
PACIFIC
OCEAN
PACIFIC
OCEAN
INDIAN
OCEAN
WARM SHALLOW
CURRENT
COLD AND SALTY
DEEP CURRENT
根据GIEC（应对气候变化政府间专家组）的保守预测，21世纪海平面将升高20－90厘米，照目前的速度会升高50厘米（20世纪升高了10厘米）。国际科学界认为，全球温度升高1度会导致海平面上升1米。

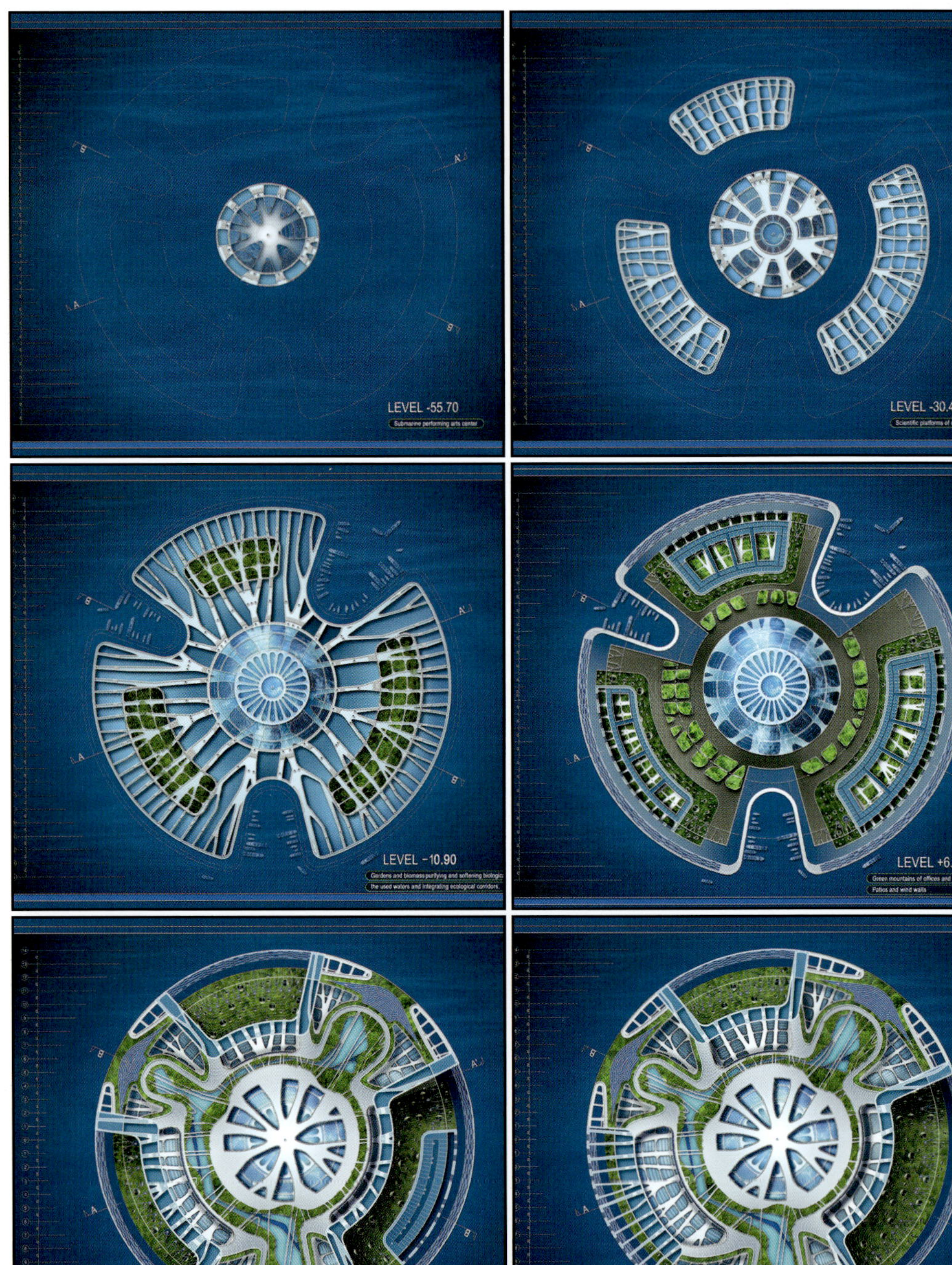
LEVEL -55.70
Submarine performing arts center
LEVEL -30.40
LEVEL -10.90
Gardens and biomass purifying and softening
the used waters and integrating ecological corridors.
LEVEL +6.40
Patios and wind walls
LEVEL +52.80
Network of streets in the branches of Lilypad between
of housings (appartements, duplex, triplex and lofts).

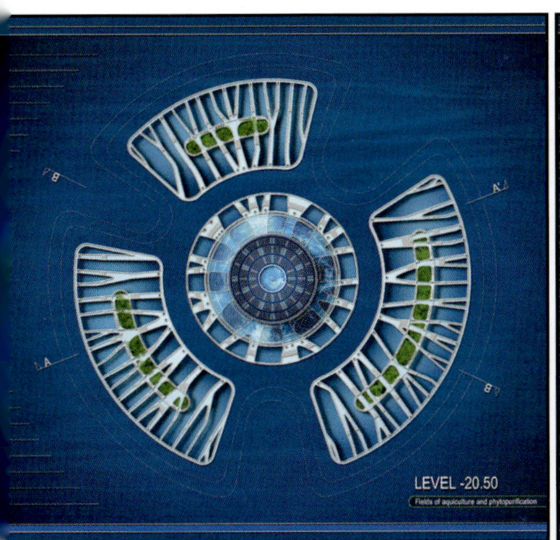
LEVEL -20.50
Fields of aquiculture and phytopurification

LEVEL +0.00
Marinas, shopping mall and entertainment centers
Amphibian lagoon and photovoltaic decks

LEVEL +19.20
Collective spaces of proximity, overwhelming spaces
inclusion suitable to the meeting of all the inhabitants

LEVEL +27.20
Central park with the river of soft water collecting and purify
the rain water. Footbridges with bars, clubs and restauran

LEVEL +81.60

LEVEL +159.96

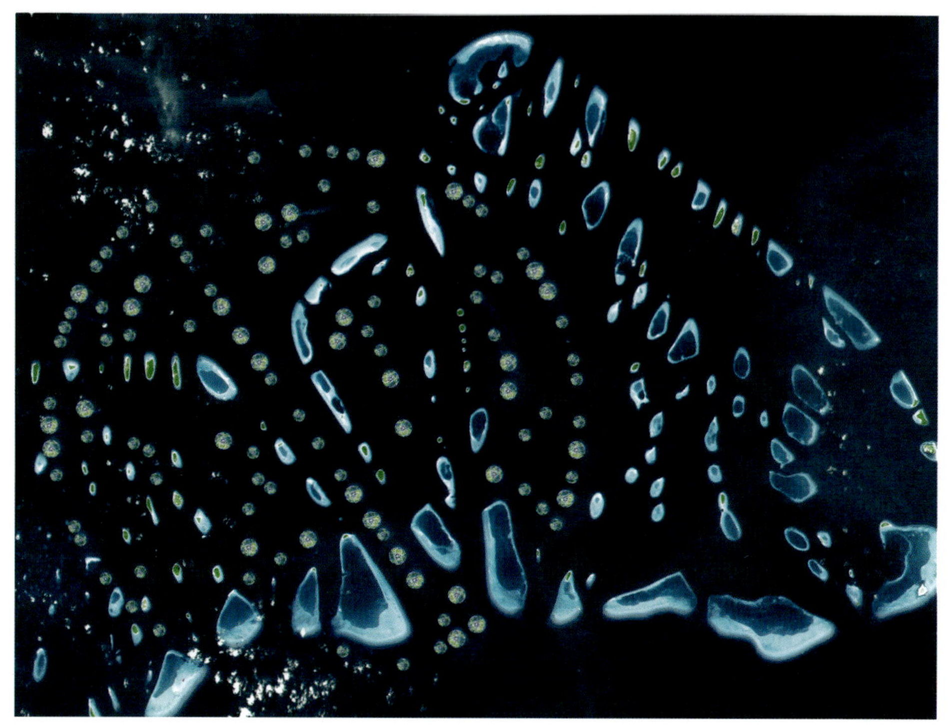

睡莲之城，自给自足的两栖型城市原型

荷兰和阿拉伯联合酋长国用数十亿欧元来育肥他们的海滩，他们建立短期生活的场所，还有可供十年使用的防护堤坝，而“睡莲之城”则给海平面上升的问题提供了一个无懈可击的解决方案！事实上，面临全球生态危机，这种漂浮的生态城市有着双重目标：不仅仅是扩大离岸最发达的国家的领土，如摩纳哥公国，而且首先是承认未来被淹没的超海洋领土上的气候难民的住所，如波利尼西亚环礁。生态恢复能力的新生物技术原型致力于游牧和海洋城市生态，睡莲之城人工岛屿在海洋的水面上穿梭，将随着温暖的墨西哥湾上升洋流或寒冷的拉布拉多下降洋流漂泊在赤道两极的海洋之中。

这是一个真正的半水、半陆的两栖城市，能够容纳5万居民，设计师还在其中引入了生物多样性的理念，并将其用来发展动物种群和植物群落。浮岛中的动植物群落沿着位于中央的潟湖分布，同时潟湖也兼具软水收集和雨水净化的功能。这座人工潟湖贯穿了整个浮岛，它使得更多的人能够居于水下。此外，浮岛的功能规划主要基于岛上的三个码头和三座人造山脉，它们分割成的各个区域为居民提供了工作、购物和娱乐的场所。整座浮岛被建造在空中花园中栽种植被的房屋所覆盖，在其表面还有由街巷组成的交通网络穿插其间。设计师的目标就是要创造一个人与自然和谐共处的环境，并通过建设流动性集体空间、巨大的适于所有居民（包括外籍居民、新进居民和土著居民、年轻人和老人）交流的社会融入空间，开发出一种新型的人类海上生存模式。

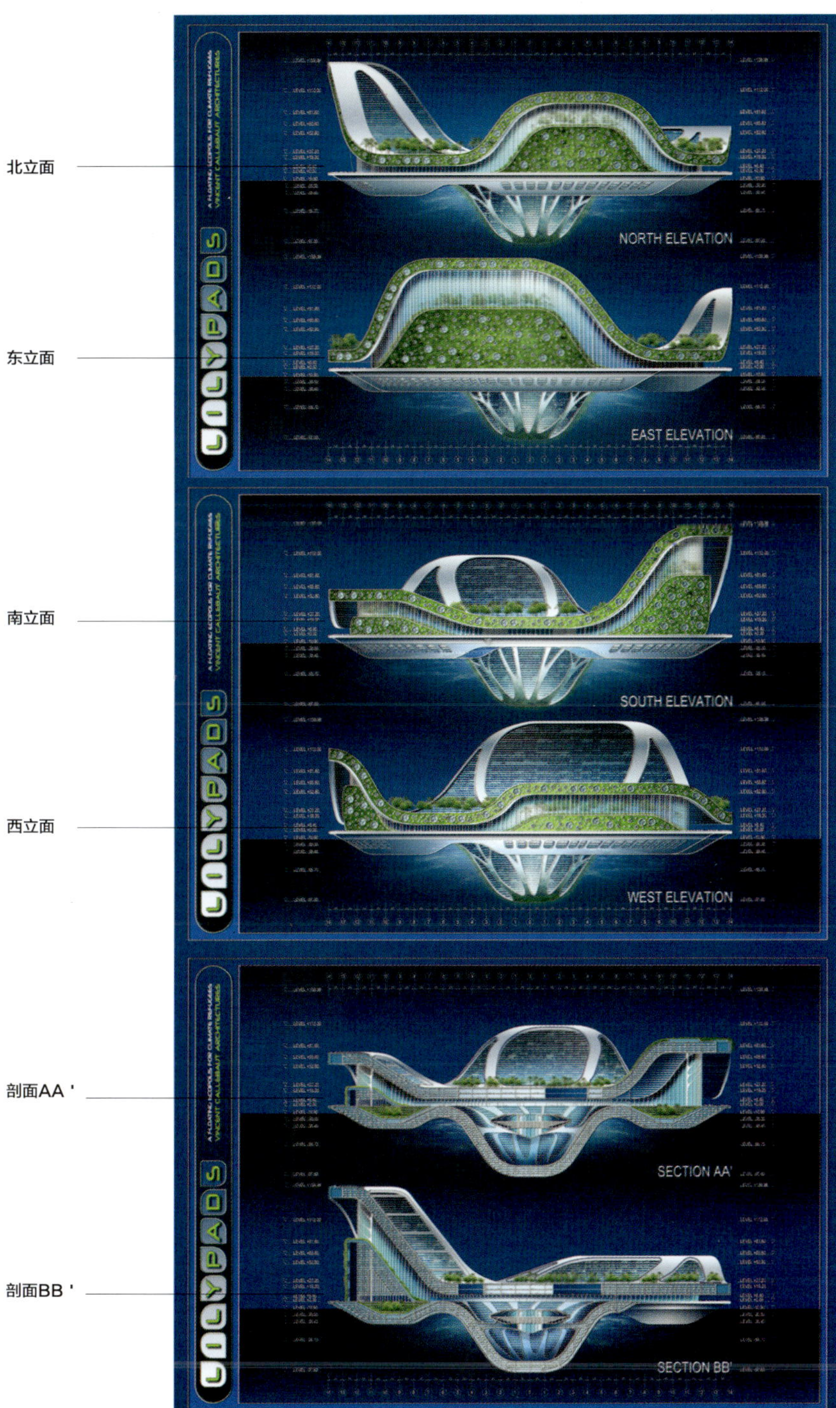
北立面
NORTH ELEVATION
东立面
EAST ELEVATION
南立面
SOUTH ELEVATION
西立面
WEST ELEVATION
剖面AA '
SECTION AA'
剖面BB '
SECTION BB'
LILYPADS

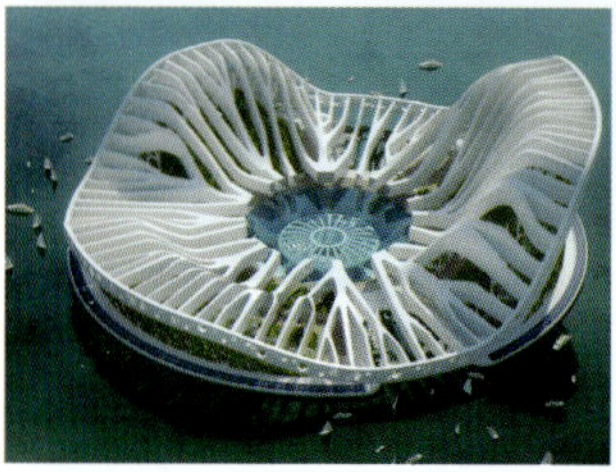

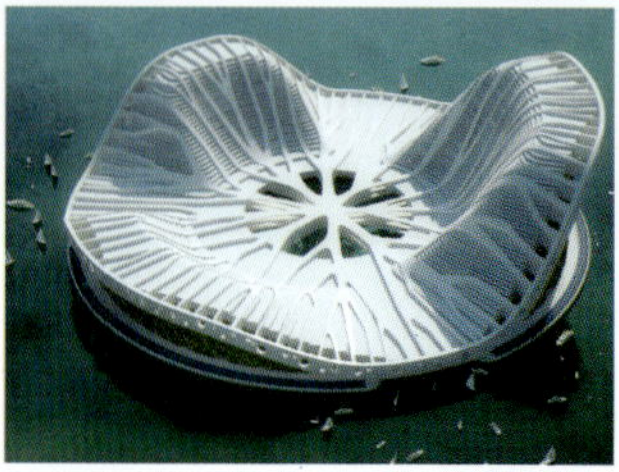

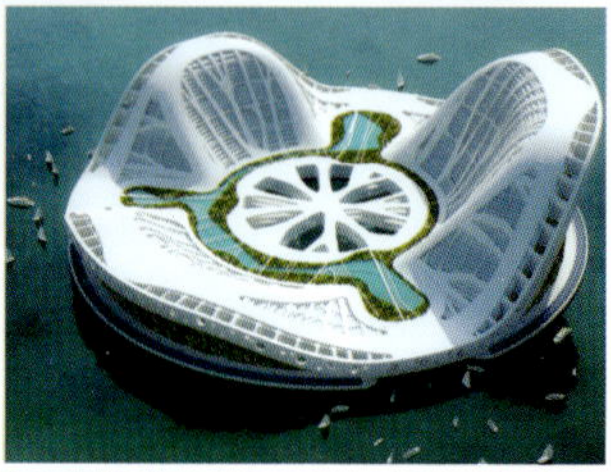

设计这座微型生态城市的分支浮体结构受到了亚马孙丛林中维多利亚核桃叶子造型的启发，但它比叶子整整大了将近250倍。这种拥有着可塑性叶子的植物属于睡莲科，在19世纪被德国植物学家Thaddeaus Haenk发现并且献给英国维多利亚女王。人工岛屿的双层外壳是由外面包裹着一层二氧化钛(TiO_2)的聚酯纤维做成，就像是一个锐钛矿通过紫外线照射发生反应，从而通过光催化效应来吸收大气污染物。完全自给自足的睡莲之城人工岛屿应对了由OECD在2008年3月份发起的四项主要的挑战：气候、生物多样性、水和健康。它通过使所有可再生能源（太阳能、热光电能、风能、水能、潮汐能、渗透能、植物净化、生物质能）一体化来产生供人工岛屿消耗的更多更持久的能量，零碳排放，从而达到积极的能量平衡、真正的群落全部可循环。这个漂浮着的生态城市是海洋生态系统中积极的生态建筑，可生产和软化本身的氧气和电力，回收二氧化碳和废物，生物净化和软化使用过的水资源，集合生态环境，通过上下表面的水产养殖场和生物走廊来满足自己的食物供给。

为应对因气候变化造成的突发性移民潮，睡莲之城人工岛屿还特意参照了小说家儒勒·凡尔纳在文字中描绘过的人工岛模式。睡莲之城人工岛屿将是一座融合多元文化的浮动生态城市，其新陈代谢功能将与自然周期循环达到完美的共生。创造一种国际的公约，寻求新颖、特别的方式以容纳环境移民并且使他们的权利和义务得到认可，这将是21世纪的主要挑战之一。城市的可持续发展必须比以往更加与人类的可持续发展产生共鸣！

Ecological and Metropolitan Infographic Center(ECOMIC)/Mexico City, Mexico,2007

02 生态都市信息图像中心

墨西哥城，2007年，墨西哥

ECOMIC是当代墨西哥城的一个展示窗口，设有办公室、工作室、陈列室和档案室等功能空间。它采用光电风转换器提供可再生能源，是建筑生态运动的一部分。作为一种过去与未来的交界面，它在建筑性景观空间和都市之间创造了一种新的天际线。

位于墨西哥城Tlateloco的“三文化”地区是一个蕴含着深远故事的地方。它的一边是阿兹特克金字塔塔基与圣地亚哥神庙，另一边是外交部大楼的现代楼群。

这个项目的目标是在处理与现存的考古学现场的关系的同时将暴露的空间集中到生态大厦当中来。大厦从一座阿兹特克建筑物遗迹的基础上拔地而起，是一座与圣地亚哥神庙和地平线上的现代矩形建筑互动的当代宣礼塔。大厦脊椎似的垂直柱筒采用循环的方式，联系着周围的盒子以及容纳丰富的博物馆活动的空中花园。这座大厦是一种当代的垂直型园林，一种对于万有引力的挑战，一种重新获得的自由。

在建筑内部，办公室、工作室、陈列或档案空间，每一个实体都有其独有的表达方式。整个体系的构成方式能够从外部的公共空间清晰地获知，来访者的每一条行动流线都是可见的。以图片方式展示的多姿多彩的墨西哥城，内容包括西班牙文化、殖民、革命、当代规划、地铁规划、地震区以及基础设施图等，在大厦所有的盒子当中陈列。场景图像通过包裹在结构构件内的电子磁带延展，电子磁带处理的信息通过光缆网络传递到不同的盒子及展室。正是有了这个系统，图像信息才得以在室内和室外的立面上展示出来。

ECOMIC项目是一种过去与未来的交界面，它在建筑性景观空间和都市之间创造了一种新的天际线。这座绿色的大厦采用光电风转换器提供可再生能源，是建筑生态运动的一部分。

灵活的空间混合了西班牙风格、殖民地色彩以及现代风格，大厦将其承载信息的使命清晰地传达给了市民。这是一个面向墨西哥及其未来发展的雄心勃勃的项目。

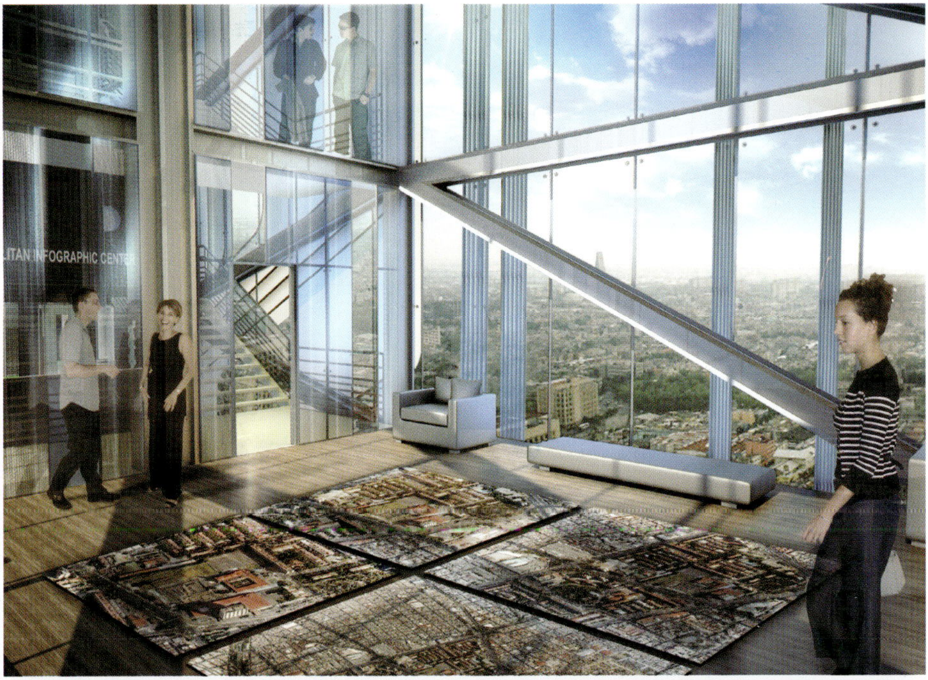
LITAN INFOGRAPHIC CENTER

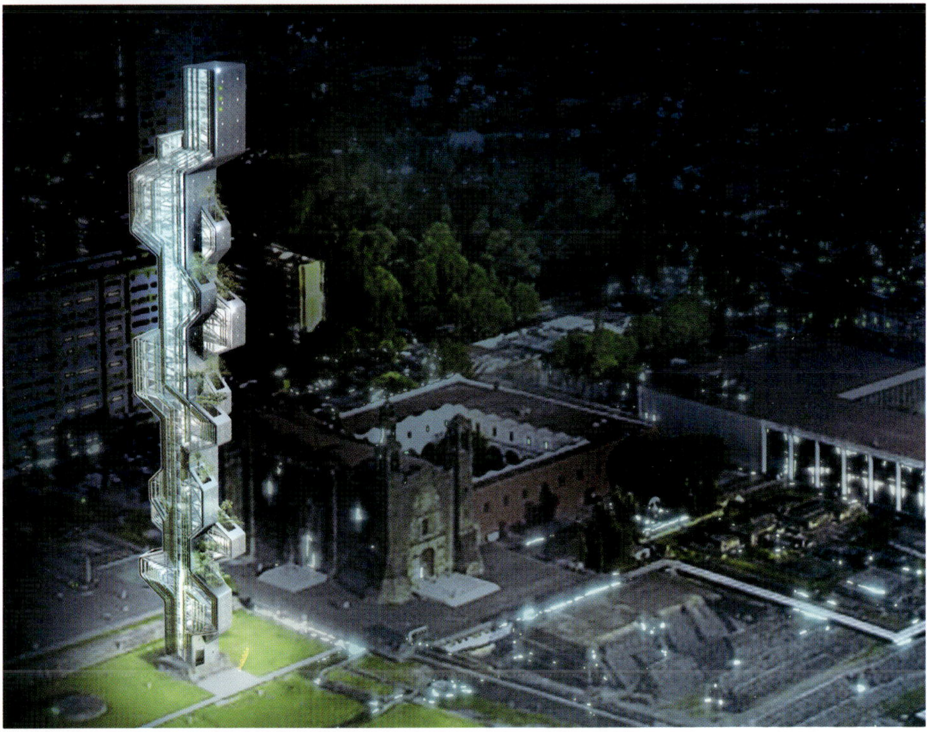

SOUTH SECTION
SOUTH ELEVATION
LEVEL + 101.50
LEVEL + 85.75
LEVEL + 75.25
LEVEL + 68.50
LEVEL + 54.25
LEVEL + 49.00
LEVEL + 33.25
LEVEL + 26.25
LEVEL + 15.75
LEVEL + 10.50
LEVEL + 0.00
MAIN LEVELS
WEST ELEVATION

+115.50
+101.50
EXHIBITION
EXHIBITION
+77.00
+73.50
STOREROOM
+66.50
EXHIBITION
+52.50
OFFICES
+38.50
STOREROOM
+31.50
+17.50
OFFICES
+14.00
ARCHIVE
+10.50
ARCHIVE
+0.00
NORTH SECTION
NORTH ELEVATION
EAST STRUCTURE
EAST SECTION
EAST ELEVATION

Red Baobab / Prague,Czech Republicl,2006

03 红色猴面包树

布拉格，2006年，捷克共和国

红色猴面包树项目包含捷克共和国国家图书馆及国家档案馆，负责收藏现代藏品并提供相应的服务。建筑设计概念以树形结构组织空间，将国家档案馆这个通常是隐藏自己的机构向大众开放。这个建筑因强调其社会和文化属性而更具有亲和力。

红色猴面包树为捷克共和国国家图书馆，收藏现代藏品提供服务，它以半透明、高度压缩的巨型雕塑的形式插入靠近布拉格遗产保护区域边缘的Letna镇当中。这栋坐落在布拉格高原上的小而平静的诗一般的建筑物被分成具有内在联系的两个体量：网络中心和观景楼。

网络中心是一个覆盖了整个地段的水平伸展的体块，它的结构相对来说比较低，并且延续了周围环境建筑的类型。建筑立面以及屋顶被植物完全覆盖，它也因此变成了一个景观工艺品。它的开放的平面被划分成不同功能的实体，并用围绕着主阅览大厅的室内花园进行分隔，室内的街道完全贡献给公共空间，并使来自北面的Milady Horaková大道的地铁站和有轨电车站、东南面的Letenske Sady公园和南面Badeniho大街的有轨电车站的人流自然地到达室内。入口处强调的是现存的行人道路。网络中心的屋顶并没有沿着大道从主入口上方铺展开来，因而为位于不同高度的各层之间的交汇提供了一个广场。书店和展示厅成为广场的活跃因素。南面坐落着图书馆咖啡厅，它吸引着来自东西两侧的游园步行行人，两个种植了竹子的天井将这个为300名工作人员设置的入口明显地标示了出来。

观景楼是一个坐落在网络中心中央的竖直体块，在这里，所有的垂直交通流被链接到图书馆当中。它通过纯粹的线条和浪漫主义自然美的表现将自己从布拉格的天际线当中突出了出来。它是一个具有双层生态气候层的立方体，其均布的立面拉长了城市的天际线，并利用了Letenske Sady公园和Letenska平原具有历史气息的全景式天然构造景观。这是提供给公众的，集合了布拉格城堡、St. Vitus’s大教堂以及Petrin山的全景观景塔。

这一方案中，两栋主要的雕塑式体块——网络中心和观景楼，通过猴面包树以一种有机建筑的形式连接在了一起，成为了捷克共和国新国家图书馆空间系统的心脏。

从大道到观景楼的公共空间，将来自不同楼层的人流连接在一起，保证整栋建筑的功能作用和安全性。作为一种隐喻，我们可以把它比作一种真实生长在建筑内部的树木。它事实上包含了躯干（垂直交通）、分支（阅览室和办公室）以及萌芽部分

（通向国家档案馆的路线）。

躯干：它将所有的垂直交通集中在一起，并且发挥着组织人流与控制公共空间、工作人员及外部实体的作用。这是该建筑的主要结构支撑元素。

分支：它们令所有的阅览室都朝公共空间开放，这些公共空间包括工作人员的空间、餐厅、咖啡厅以及会议中心。猴面包树的每一个分支都穿过观景楼的立方体，创造了一种有趣的工作空间，拥有朝向北方的平原以及朝向南方的Letna谷地景观。它们的端头朝向全景的台地，成为休闲冥想的空间。图书馆所拥有的一千万件藏品都被存放在这些分支之间的阳台和观景楼的混凝土网格支撑层上，每一个存储空间的组织都经过缜密的研究，以提供根据不同需要可变的、模数化并易于拆卸的空间。

萌芽：在猴面包树的分支部分里，国家档案资料的存储室全部都通过步行桥直接连接到相应的工作和学习空间内。

比系统地组织这一项目的内部运行更加重要的是，这座建筑物希望利用现代技术来减少能耗需求，并节省运行成本。

网络中心及其与Letenske Sady公园相呼应的绿化表皮能够同时吸收噪声污染和人类释放的二氧化碳。这座通过自身形体的开合形成垂直花园的日本式工艺品将会形成一个随着季节变化而改变的自然之盒，同时它自己也成了位于西面的印度大使馆和捷克共和国基督教会等周边建筑所能欣赏到的景观。

观景楼由双层表皮构成。外层由聚碳酸酯薄膜制成的可膨胀软垫构成，这样能够透光的透明表层就为内外部空间的温度变化创造了缓冲的空间；室内立方体的表层由混凝土网格积聚来自日光的热量，一旦加热，中间部分就能够自然地开始通风来改善室内环境。混凝土网格不断地变密以创造出一种有质量的效果，同时在展厅周围形成保护性的幕墙。除此之外，紧急逃生楼梯沿着四个立面顺延而下，围绕着建筑本身提供了一种连续倾斜的散步道。在夜晚或是图书馆关闭的时候，双层表皮自身根据参数化的色度范围发出光芒来反映大道的交通密度。

有400个车位的停车场以及技术用房都被组织到地下层当中，这样的安排是为一个新的城市环形隧道退让空间。一条道路将隧道与层高为3.5米的首层停车场直接联系起来。垂直核心将人流引向地面层的公共区域。从大厅开始，所有的常规功能都将自身垂直地重叠到猴面包树当中，并被连接到邻近国家档案馆的存储阳台上，分开的轴线通过标识每个功能的颜色代码而清晰地显示出操作性规程的综合性。

捷克国家图书馆的新建筑概念聚焦在使用者及他们与景观之间的关系上。该项目的挑战在于将一个有着隐藏自己的传统的机构——国家档案馆——向大众开放。应当感激这样一个具有亲和力的建筑，作为一个对世界开放的机构，它的目标以强调其社会和文化属性的方式得以实现。图书馆未必都是突兀的，还可以是随和的！

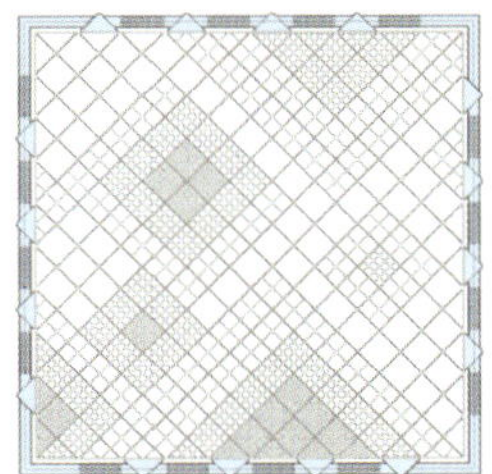

屋顶平面

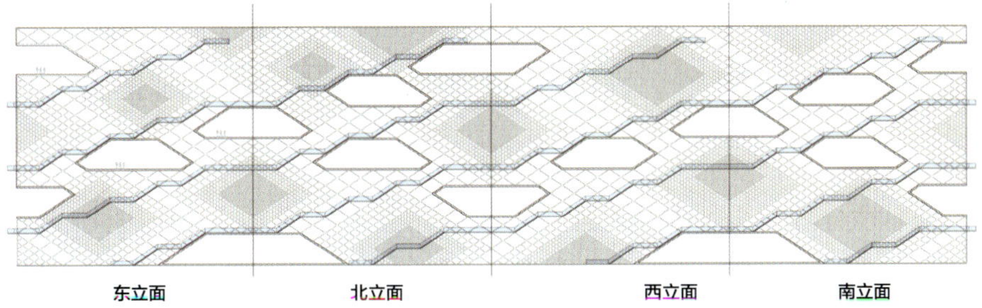

东立面 北立面 西立面 南立面

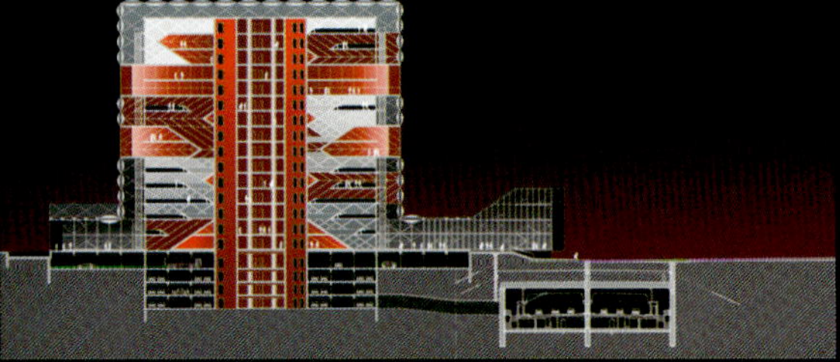

剖面BB

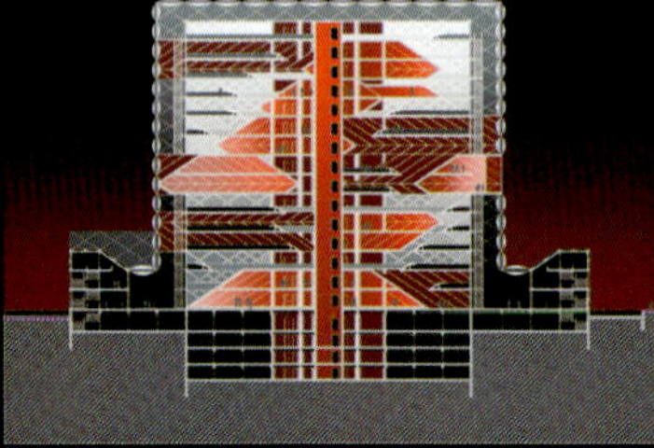

剖面AA

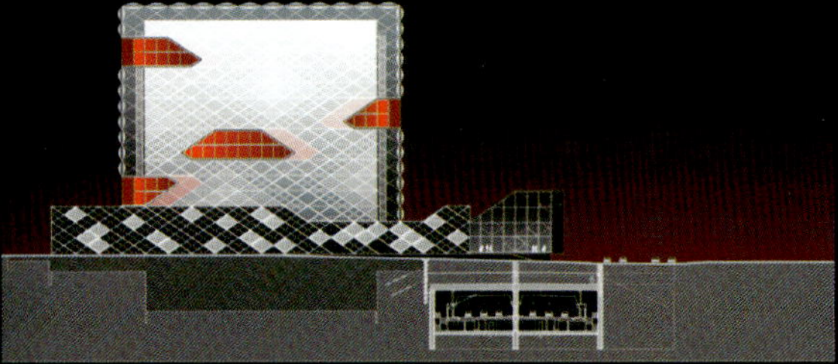

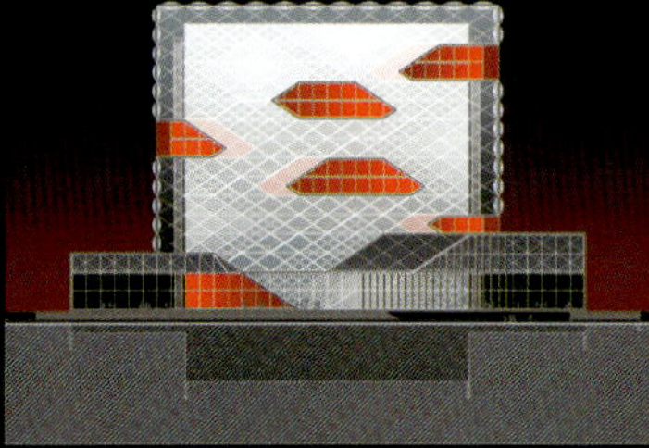

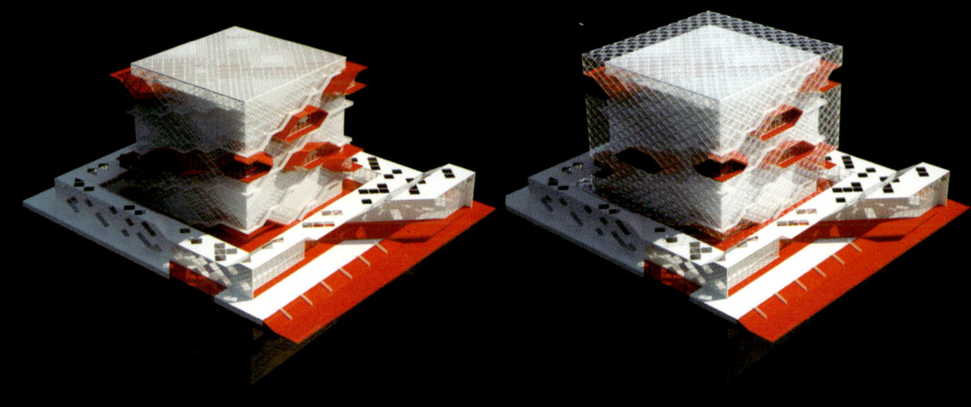

立面概念图

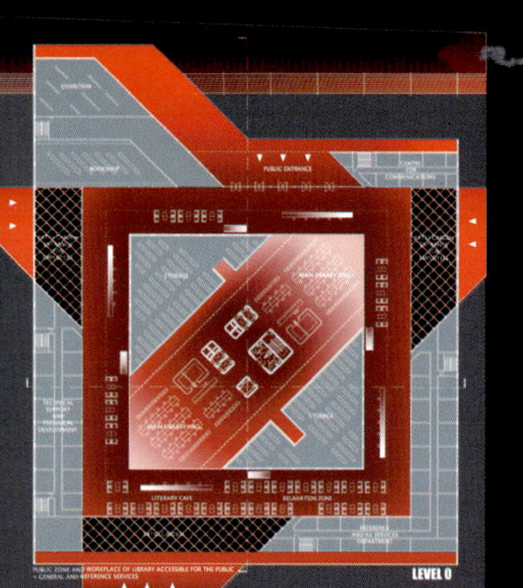

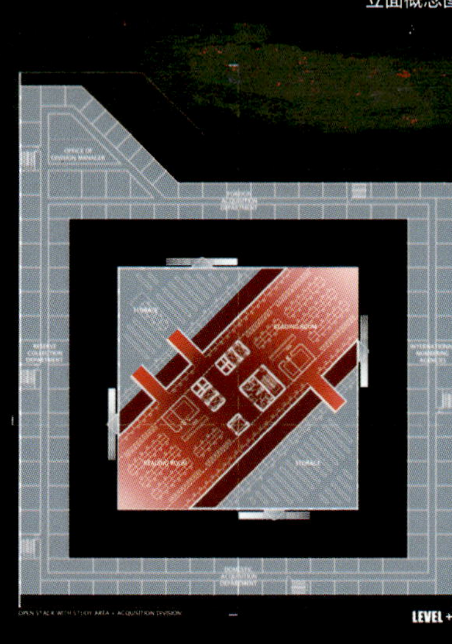

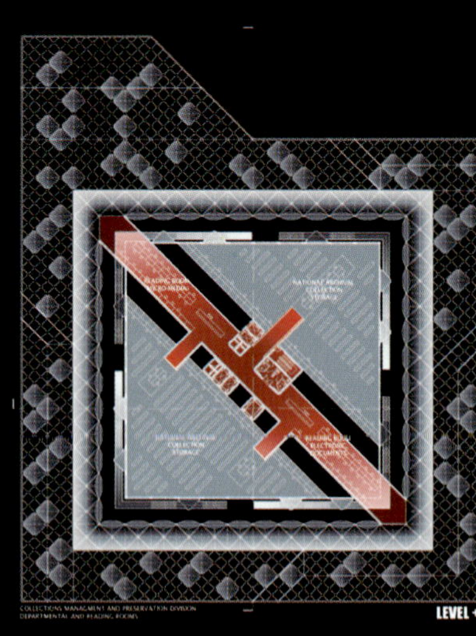

0 5 m 20 m 50 m

COLLECTIONS MANAGMENT AND PRESERVATION DIVISION
DEPARTMENTAL AND READING ROOMS
LEVEL +4
PARLIAMENT LIBRARY
LEVEL +5
COLLECTIONS MANAGMENT AND PRESERVATION DIVISION
NATIONAL ARCHIVAL COLLECTION
LEVEL +6
COLLECTIONS MANAGMENT AND PRESERVATION DIVISION
NATIONAL ARCHIVAL COLLECTION
LEVEL +7
COLLECTIONS MANAGMENT AND PRESERVATION DIVISION
NATIONAL ARCHIVAL COLLECTION
LEVEL +8
COLLECTIONS MANAGMENT AND PRESERVATION DIVISION
UNIVERSAL ARCHIVAL COLLECTION
LEVEL +9
COLLECTIONS MANAGMENT AND PRESERVATION DIVISION
UNIVERSAL ARCHIVAL COLLECTION
LEVEL +10
COLLECTIONS MANAGMENT AND PRESERVATION DIVISION
UNIVERSAL ARCHIVAL COLLECTION
LEVEL +11
COLLECTIONS MANAGMENT AND PRESERVATION DIVISION
UNIVERSAL ARCHIVAL COLLECTION
LEVEL +12
COLLECTIONS MANAGMENT AND PRESERVATION DIVISION
UNIVERSAL ARCHIVAL COLLECTION
LEVEL +12
COLLECTIONS MANAGMENT AND PRESERVATION DIVISION
SPECIALIZED TECHNOLOGIES
LEVEL +14
ROOF
0
20 m
5 m
50 m

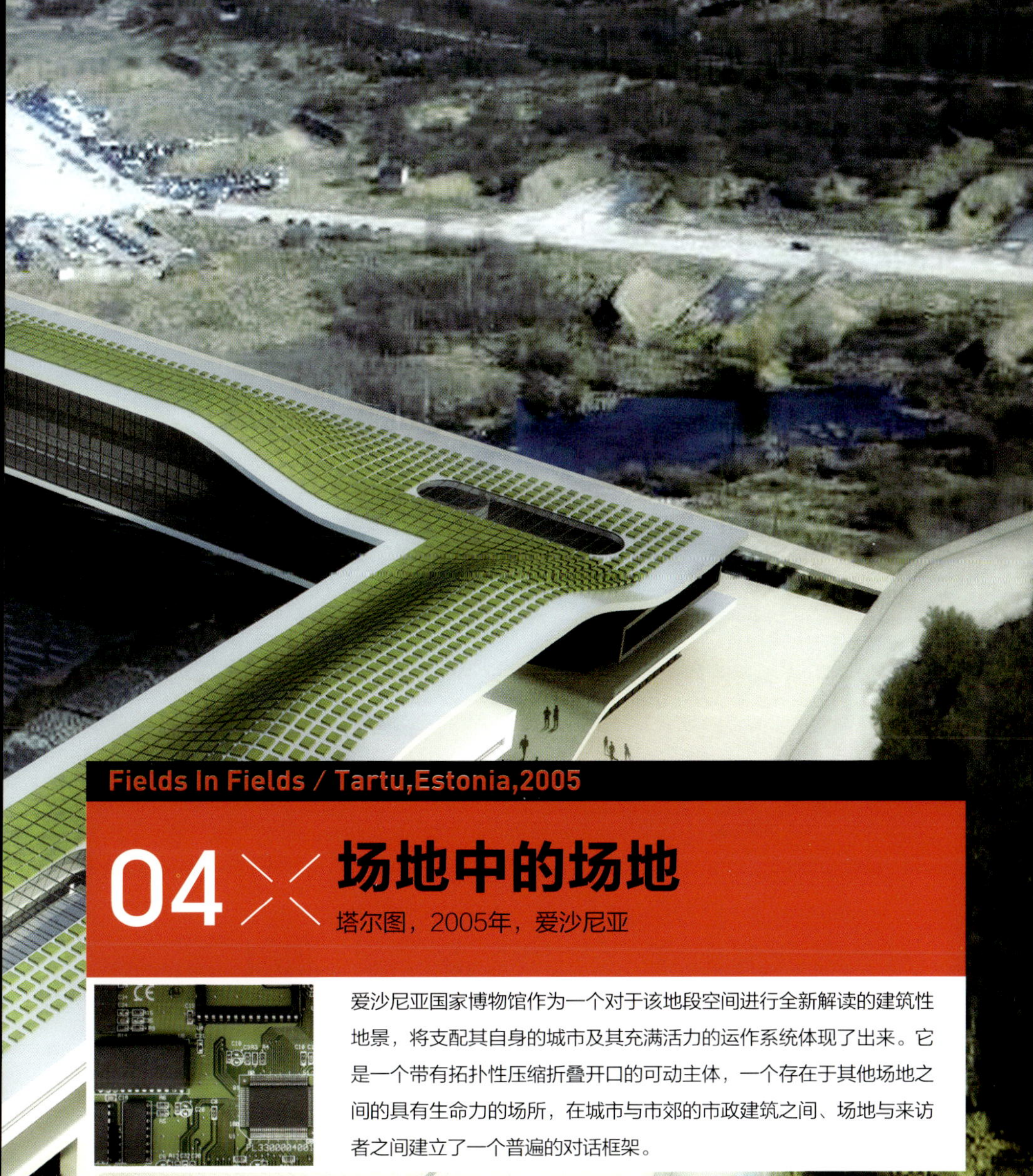

Fields In Fields / Tartu,Estonia,2005

04 场地中的场地

塔尔图，2005年，爱沙尼亚

爱沙尼亚国家博物馆作为一个对于该地段空间进行全新解读的建筑性地景，将支配其自身的城市及其充满活力的运作系统体现了出来。它是一个带有拓扑性压缩折叠开口的可动主体，一个存在于其他场地之间的具有生命力的场所，在城市与市郊的市政建筑之间、场地与来访者之间建立了一个普遍的对话框架。

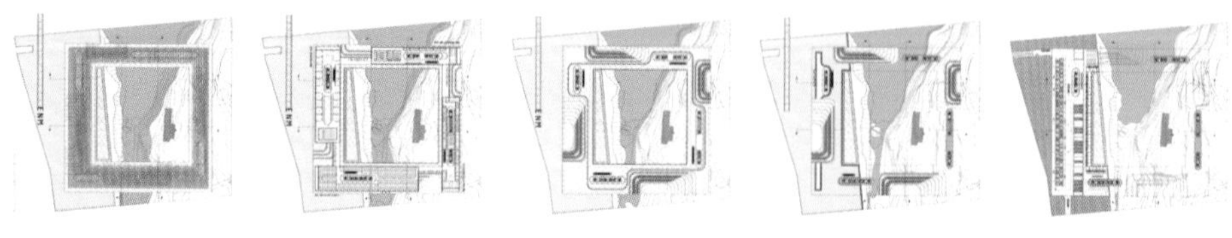

在爱沙尼亚国家博物馆迎来其百岁诞辰之时，爱沙尼亚文化部联合爱沙尼亚博物馆与爱沙尼亚建筑师联盟，拟在爱沙尼亚的第二大城市塔尔图建造一座全新的建筑综合体。而Raadi庄园建筑综合体就坐落在塔尔图市东区市郊的市政建筑沿线上。

在爱沙尼亚和乌戈尔民族历史与文化的交叉点上，爱沙尼亚国家博物馆是一个建筑性地景。作为一种对于该地段空间的新解读，它像一块由多个层次密度构成的开放场地，将支配其自身的城市及其充满活力的运作系统体现了出来。它是一个带有拓扑性压缩折叠开口的可动主体，在城市与市郊的市政建筑之间，在场地与来访者之间建立了一种普遍的对话框架。这座博物馆处于能够生成互动机制的新设施（运行矛盾）与进化性空间（景观）的交叉点上，是一个存在于其他场地之间的具有生命力的场地，一个可转变的地理要素。

在这一方案当中，真空被定义为主导整体形式的顶级“建筑材料”。相较于重视“存在”的一般意义上的建筑，这座建筑却是由“缺省”组成的“负空间”。这是一座符合“自由景观空间”特质的真空建筑。

在湖岸线和穿越公园的动线交汇点上，一个边长为250米的居住框架被安放在天地交界线上。它从湖面轻轻浮起，形体中包含一个真实的双层桥体连接整条线路和由巨大而繁茂的真空植物构成的框架。这是一个将自身从高浓度与不存在之间的矛盾综合体中提取出来的“存在缺失”体，它是由暗中将爱沙尼亚地平线混合其中的“层叠”的“样条表面”构成的片状区域。

爱沙尼亚国家博物馆作为一种真实的片状地质景观，它的流线将厚重的土地分解成易于接受的自由场地。这是一种可程控的地理性质，其目的并非将整个博物馆空间围合起来，而是为了强调流动空间当中的活动、由结构核心筒反衬出的自由空间以及自然采光照明策略的效果。

两层实心打造的地板作为转换平台构成了随着塔尔图的城市天际线起伏的第一个山丘。这两个“景观高地”在场地中形成了一种新的肌理、一种结构上具有自刚性的抽象拓扑形态，并将博物馆有机地融合其中。由样条曲线构成的表面所形成的沿岸不断密集地交叠或打开，以紧密地贴合自然地面的不同层次，并将游人不断地引入博物馆内部。

ENM
ENM

总平面图

中间结构将垂直悬挂于核心筒体量内的所有功能都吸收进来，并以非常清晰的方式将它们组织起来。事实上，四个程序化区域（收集、保护、研究和展示）将通过四个内在相连同时又拥有独立特性的笛卡尔巨石来表示。开放的非展示区域设置在热带丛林中间，开放展示区域则设置在乳白色玻璃的背后。室内的展示空间用黑色大理石来标记，非展示空间则使用了蓝色石材。

从通向Vahi大街的巨大林荫场地看来，整栋建筑好像悬浮在湖上，并将整个地平线拉接起来。水中的倒影和镜像把远景纳入虚拟的地理形态当中。唯一的楼梯间以高雅的曲线引领着来访者改变他们视角的高度。在这个巨大的楼梯间下面，一个提示位于地下层的后勤停车区域的薄弱裂缝延伸出来，这个地下空间沿着湖岸展开，将游人引向一个与专门为该场地的研究者们提供的设施相接的花园。所有的房间都带有沉静中庸的意味，能够接受无遮拦的湖景和Raadi Manor公园的景致。一条来自林荫场地的长方形巨大浮桥几乎覆盖了整个场地，并将新博物馆、庄园、湖、花园以及被保护的小型建筑（酿酒厂、储存间以及房门）统一成一个独立而特别的整体。庄园里，废墟和储存空间构成的庭院中，几何形花园、菜园以及果园作为节点将空间层层引向军事基地——Raadi机场。

从Raadi庄园及其新的花园中，博物馆看起来像是被嵌入这片土地当中。样条曲线表面上的新入口将通向道路的横向路线连接起来，为来访者提供了一条具有无限可能性的去往公园的近路。

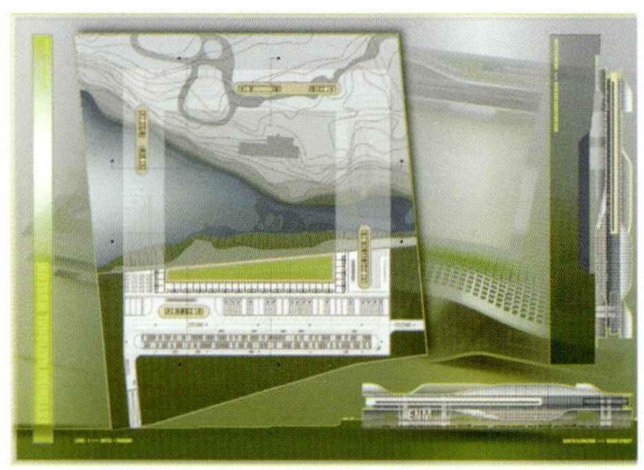
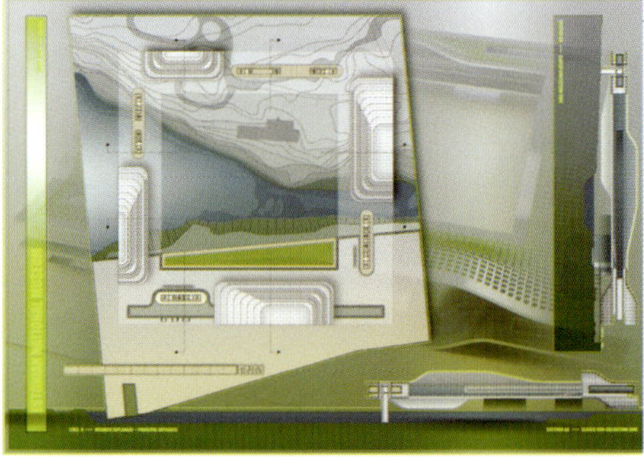

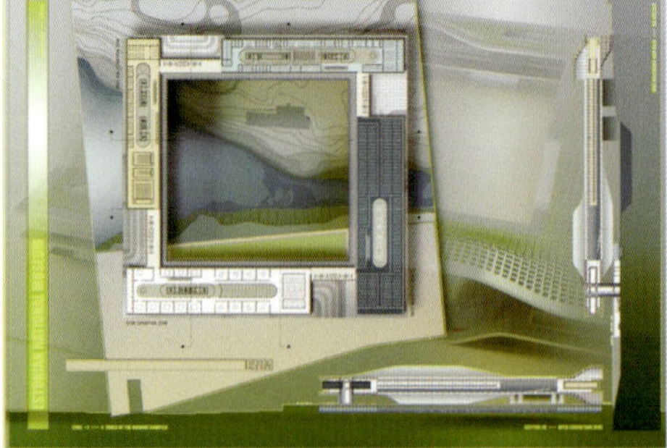

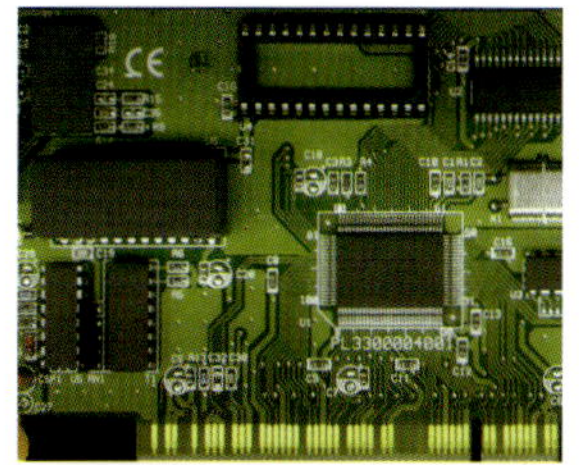

通向主要楼层的通道自然地出现，其全景式的观景角度使游人能够完全沉浸到景观当中。主体板层是一条巨大的回廊，承担迎接公众的任务，它将自身向外界的城市完全开放，并聚焦在通向室内空间的一个巨大而丰富的花园上。四个垂直的核心筒以及四条起伏的行人道路通向二层的由步行桥连接四个的程控区域。

整个博物馆的流线构成了一个巨大的环，它连接了所有互相依赖的功能，由跨越博物馆整体的一系列天井透入的自然光提供照明。这些天井同时令直抵宽大的可移除天棚的生物气候屋顶成为可能。在种满植物的屋顶上，由植物构成的彩虹色（立方体潟湖种植者）不断地吸收阳光射线，形成了一个隔热层，并且将博物馆中的废水回收利用。这是一座建成的虚拟体，一个公园当中的公园。

新建筑是呈现给国家的历史记忆的，并且通过其建筑性的语汇呈现一种对于爱沙尼亚国家博物馆未来的畅想。这一博物馆将成为承载爱沙尼亚遗产保护、修缮、重建以及数字化的中心。博物馆呈现出模糊的轮廓、模糊的形式、内外部空间之间流动的连续性以及公众与私人之间的关系机制。这是一种由室内到室外构成的建筑，它通过一个能够精确生成具有弹性、可变、具有拓扑形态的开放空间的变化逻辑与自然和谐存在。这样的功能性和空间上的可变性将使爱沙尼亚国家博物馆成为一个受到国际承认的视觉人类学中心，还有可能成为世界上主要的芬兰—乌戈尔人文化研究的重要中心之一。

LEVEL +3 >>> BIOCLIMATIC ROOF

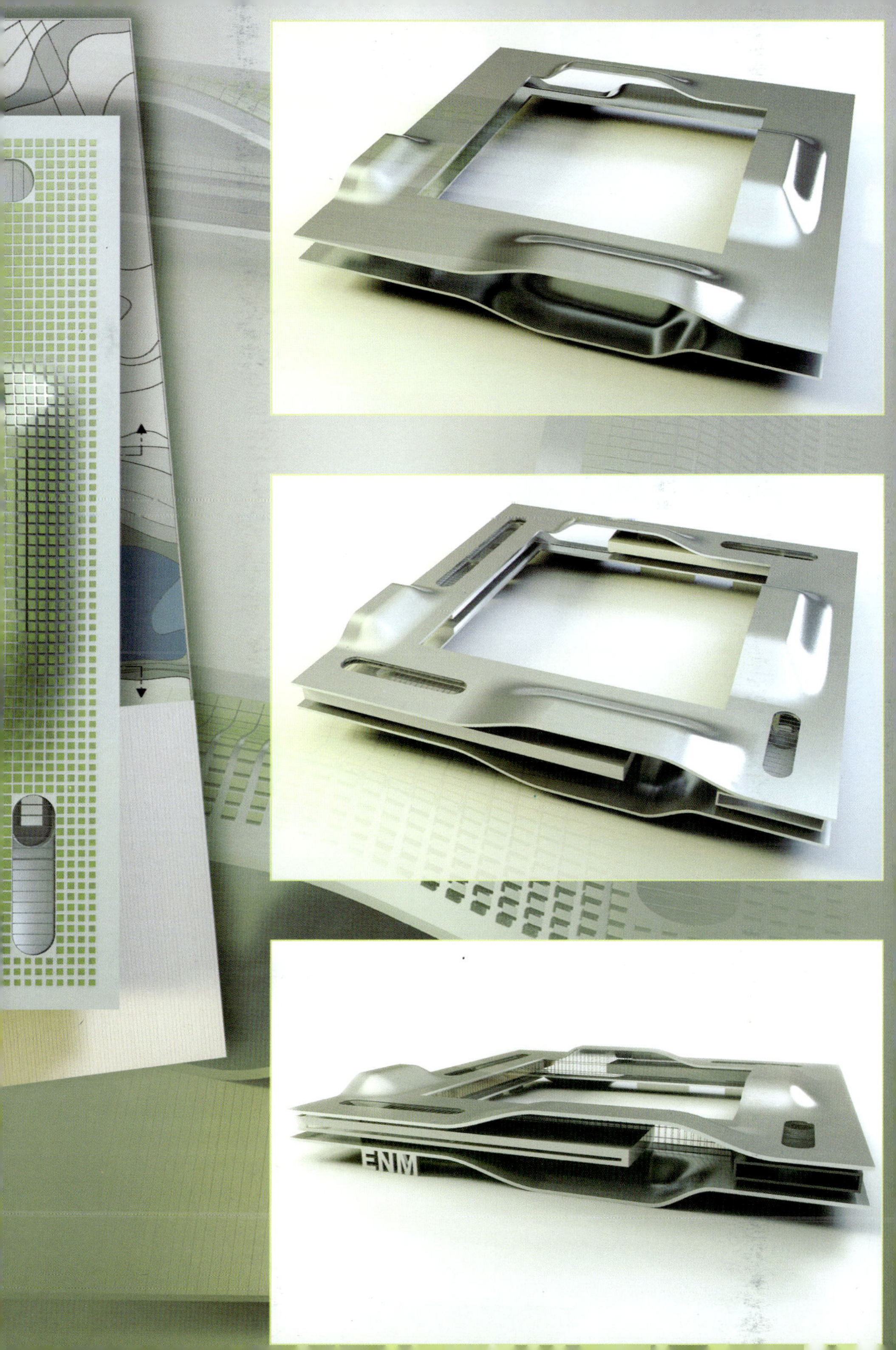
ENM

Eye Of The Storm / Seoul,South Korea,2005

05 风暴之眼

首尔，2005年，韩国

风暴之眼位于首尔汉江大桥中段的岛上。作为一个文化娱乐的综合体，它容纳了歌剧院、音乐厅、室外剧场、博物馆、酒吧、餐厅等的诸多功能，是一座未来派的、生态的、结构创新的、全新而具有活力的标志性建筑。

汉江大桥是一座仅供行人通行的道路，汽车与火车道路将中间的这座岛切分成为近似相等的东西两部分。

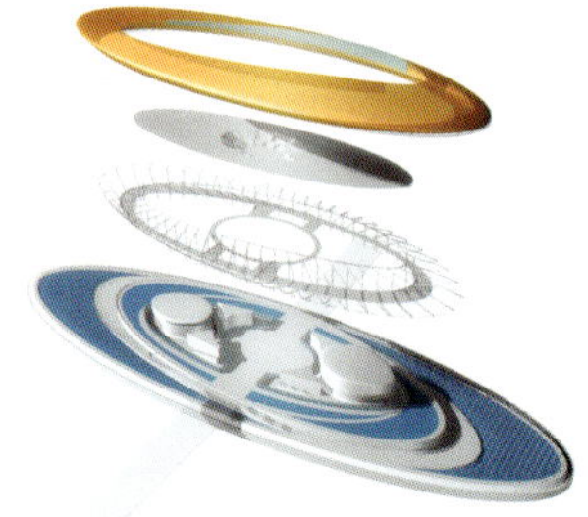

当人群进入这座岛之后，他们将会看到一条悬浮于空中的宽带（由可变、透明、不透水的聚碳酸酯亚麻制成），其两岸随着岛屿的形状延伸。当夜晚降临的时候，自动控制的水闸会抬高水位。岛上的部分区域就会转变成为供声光表演使用的人工湖。

越过橙色的莫比乌斯环，是一个宽阔的玻璃圆形大厅的中央，大厅的墙通过序列将人们分散开来。在这些镜面墙体的背后，是歌剧院和音乐会大厅那感官性的纯粹体型。这个水晶圆形大厅将所有的路径分散到道路两侧。巨大的斜坡将汽车驾驶者引入停车后勤区域，在那里有四座巨大的楼梯通向这栋建筑的屋顶，从这个真正的第五立面上露天的音乐大厅将其曲线轻盈地引向道路的上空。

音乐厅中两个容纳1500个座席的演出空间是两块湮没入地面的巨大岩石。它们坐落于整座岛屿的末端，并各自被两个用于容纳工作室、排练室、公共避难所、办公室以及技术性空间等各种附属设施的体块从道路旁隔离开来。其所使用的双层混凝土结构则保证了演出不受到来自道路交通的低频噪声的干扰，同时还引入了不同寻常的白色散射光。这些船体结构的完整性令

人想到了优美的轮船，而且能够与将自身作为投射表面的亚麻接缝上的光影产生互动。

作为一个长期的开发项目，这个介于室内与室外之间的形体形成了一条长长的椭圆形街廊，可以根据季节气候调节室内的温度。街廊的外围全部被打磨光滑，并为观景者提供整个首尔城美丽的全景视野。这是一个种满血橙树的巨大的生态气候型步行框架，它通过光合作用来净化空气，并将氧气带入室内。

在岛屿的两端，两个主要的音乐厅被设置在两个巨大空间的曲线形体下。从室外的廊道走进一个与大桥的人行道相连接的螺旋体，一座高8米的走廊为博物馆提供了一个附加的外围空间，用椭圆形转换的平面改变了整个展示空间。

整个表演艺术中心呈围绕自身旋转的动势，形体仿佛由舞者不同舞步的轨迹构成。外围廊道的弯曲钢结构承受着最大的扭矩，它们看上去就像一个向着天空旋转的巨大风暴。弯曲的巨大拱廊以同样的和谐角度倾斜着，并逐渐插入地平线。拱廊与屋顶最上端的椭圆形梁相连接，其外部装备有通过垂直杆和椭圆形构件连接的百叶来提供表面所必需的刚性，这种构造作为结构构件，同时还是透明聚碳酸酯亚麻布悬挂体系的一部分。

在屋顶外部空间的顶端，两个由白色混凝土建成的演出空间的屋面像魔术盒一般打开来迎接酒吧和餐厅空间，最高点是一个盒式的歌剧演出舞台。形状像风暴之眼的巨大的室外场地是一个专门为精彩的流行演出设计的神奇空间，可容纳6000余人，形状让人想起古罗马角斗场。这个场地还可以作为游憩场地，由随室内空间檐口延伸出来的橙色亚麻纤维罩遮挡风的干扰。

歌剧院和音乐厅都建在地面层的卵形平面上，两者都按照1.6～1.9秒的回响声音来进行设计。此外，它们都采用了可调试声学形态板，可以根据不断更正的参数来对自身进行调整，以保证不同的收听条件下的声音质量。

设计方案还为这两个空间提供了一种可选择的空间灵活性，使得它们具有不同的空间格局。在音乐厅举行交响音乐会的时候，所有的观众都能够找到很好的位置。作为一个非对称的剧场，它能够360°地收集音乐家所演奏的音乐。这里的气氛温暖而舒适，从不同的视角和听觉角度都能感受到与交响乐团产生的不同联系。歌剧院中的演员在观众面前则处于一个更加前沿的位置，大厅的马蹄外形将注意力集中到中央舞台上，两个退后的舞台和两个后台令布景和排练所需要的舞台进深具有更多的灵活性。

从舞台与声学的进步角度上来说，新表演艺术中心关注表演本身，是一种未来派的、生态的、结构创新的、全新而具有活力的标志性建筑，它能够在全球范围内树立首尔高度文化性的城市形象。

UN 01 01
TRANSVERSAL WEST ELEVATION 1:500
THE EYE OF THE STORM
THE EYE OF THE STORM
MOEBIUS RING IN POLYCARBONATE
WATER
MUSEUM
GALERIA
CONCERT HALL OF 1500 SEATS IN ARENA TYPE

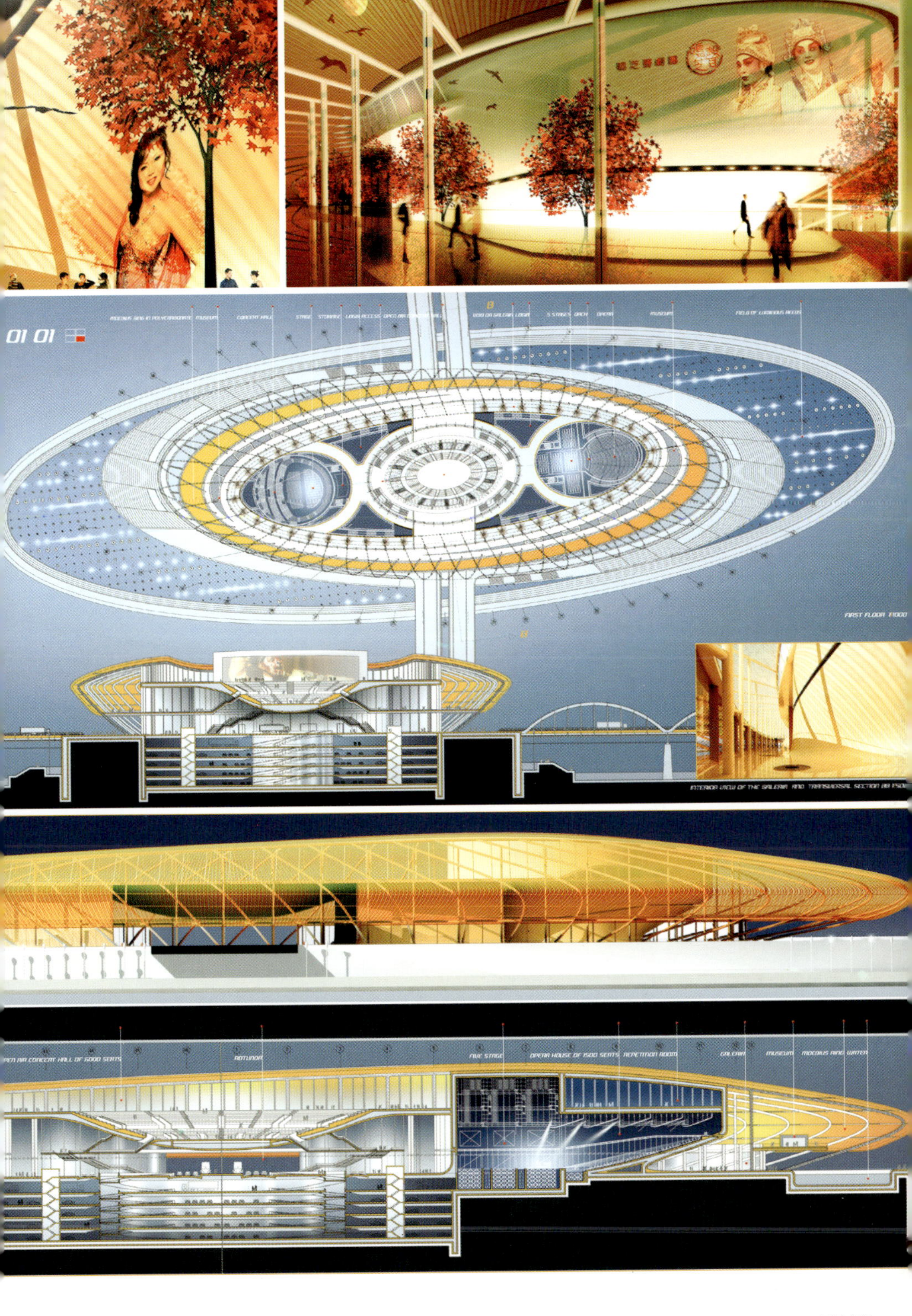
01 01
CONCERT HALL
STAGE
STORAGE
5 STAGES
MUSEUM
FIRST FLOOR 1:1000
INTERIOR VIEW OF THE GALERIA AND TRANSVERSAL SECTION AB
OPEN AIR CONCERT HALL OF 6000 SEATS
ROTUNDA
FIVE STAGE
OPERA HOUSE OF 1500 SEATS
REPETITION ROOM
GALERIA
MUSEUM
MOEBIUS RING WATER

Fractured Monolith / Brussels,Belgium,2004

06 断裂的巨石

布鲁塞尔，2004年，比利时

本案是一个带有强烈识别性的酒店项目，它通过步行交通的组织，为街区的内部建立起一种流动而自然的联系，成为该地区绿化景观之间有机的交汇点。它是一种笛卡尔几何与有机体、外部与内部、酒店的私密空间与公共空间之间相对立的产物。

为了从步行的角度为建筑所在的地区注入活力，本案试图在Comines Froissart街区（CF街区）的内部重新建立一种流动而自然的联系。这个项目在欧洲的两个极点，即Parliament 和 Berlaymont，以及两块“绿肺”——即Leopold公园和Cinquentenaire公园之间建立了一种真实的都市节点。

为了建立新的便捷道路，同时给社区带来一种在街区中央设有开放空间的住宅区， CF街区被切割划分。在总平面上，通过将Jean Ney广场重新中心化来创造出一种建筑体量的和谐性，Robelco组团的中心区成为广场和Belliard大街上一个露天的中庭，利用它将所有的绿色空间都联系起来。如此一来，这个由隧道结构支持的中庭，一方面是街区花园与Leopold公园之间形态上的连接点，另一方面也是建筑的两个主要部分之间的节点。

这两个主要部分具有根本的不同，沿着Nouvelle大街的部分成为Juste Lipse的基础，支撑其高塔成为Belliard大街的中心并占据高耸的天际线的一部分；在Maelbeek谷地内的部分，酒店强调了其竖直方向上的存在，而Belliard隧道通向的出口则将人引向Cinquentenaire公园。这栋建筑本身就是一种笛卡尔几何与有机体、外部与内部、酒店的私密空间与公共空间之间相对比的产物。它是一座向城市开放的建筑！

在酒店内，所有的接待性场所、餐馆、会议室以及休闲空间都位于酒店屋顶的断层周围。这个转换和分离的空间是一个开放的中庭。地面层的接待处位于由结构所强调出的场地形态之内。

外观看起来像一艘布满露台和商店的船头，电梯将人们从中庭引领向餐馆、酒吧以及休闲室。富有流动性和活力的层板让来访者能够分享Belliard大街和广场上的活动景观。而当凝视下方Leopold公园的池塘的时候，能感到视野变得格外开阔。

带有餐馆的楼层能够直接通向二层之上的会议室。这座建筑体量的中心，同时也是建筑两个主体部分的连接点，是一个外层穿孔的游泳池，它悬浮在岛心花园和Leopold公园之间，通过一些光加速器在中庭内创造出水下空间的气氛。尽管密封的游泳池被从中庭当中分离出来，但是仍然能够从玻璃屋顶下方看到它。这个休闲运动空间沿着悬桥布置，并将贯穿整个空间的半透明视野整合到一起。整个中庭被两个核心筒和垂直循环设施所包围，而这些设施同时也作为酒店的公共空间与客房之间的交界和过渡空间。

建筑的立面做法为酒店提供了一种不分昼夜的双重表现方式。玻璃的表皮被镀装了一层穿孔铜滤光器，这样做是为了增强建筑立面在日间的整体性。到了夜间，整个建筑就让位于这种金属花饰窗格所带来的透明感，同时将客房的壁龛用不同的光密度显现出来。这种通过光像素的交叉来实现不同表现效果的花饰窗格所带来的神奇效应也因为不同层上的穿孔铜板的日益增多而变大，楼层越高，穿孔的密度就越大，朝向广场与主要道路的客房由于这一原则而仍能保证其私密性，而朝向都市天际线以及Leopold公园的客房则拥有了一道将布鲁塞尔景观集中起来的过滤层。

这个带有强烈识别性的项目试图成为该地区绿化景观之间有机的交汇点，它将基础的结构转化并参与城市生活的流动性与个人化的故事当中来。

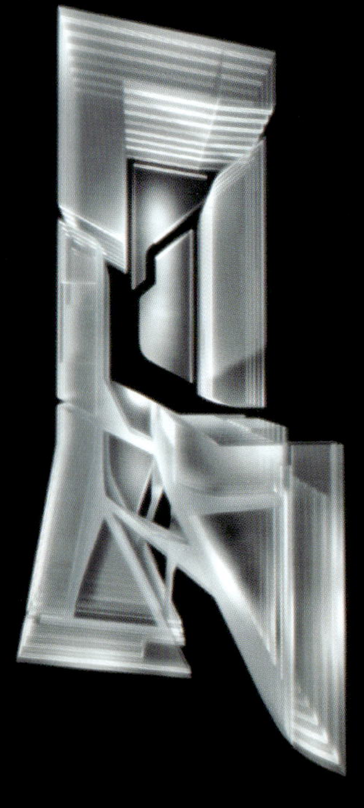

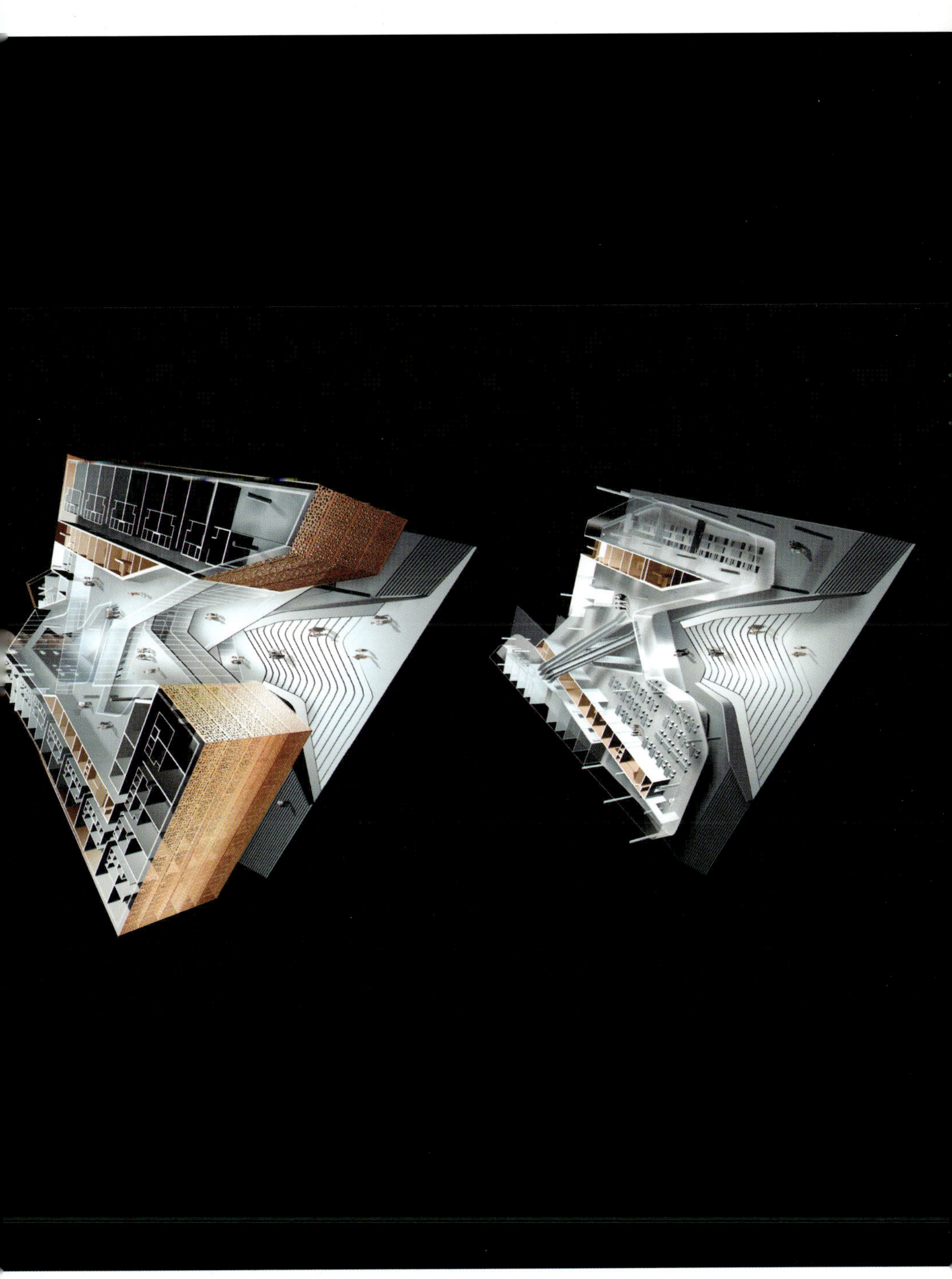

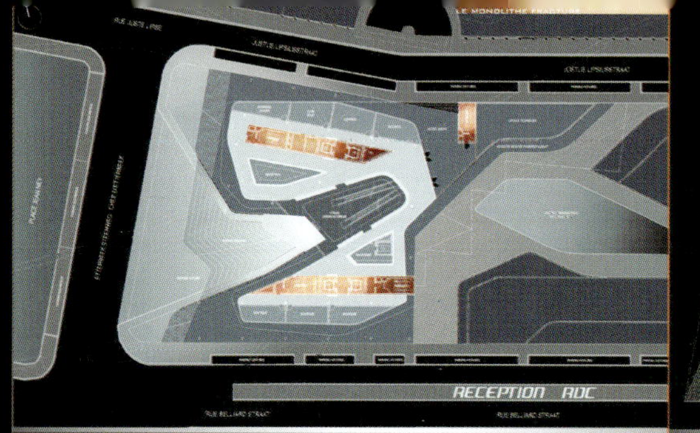
LE MONOLITHE FRACTURE
RECEPTION RDC
HOTEL COMINES FROISSART

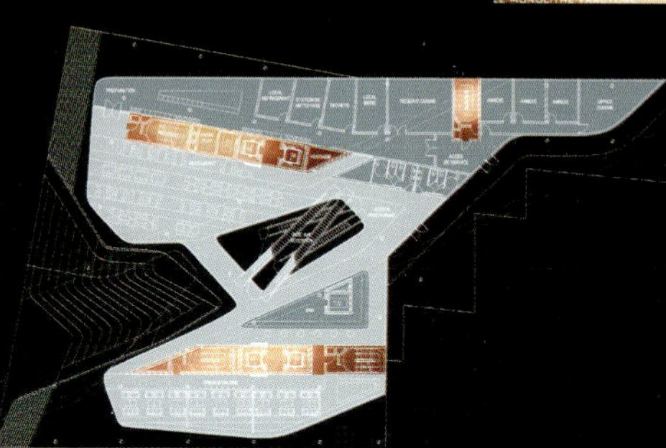
LE MONOLITHE FRACTURE
RESTAURANT CUISINE BAR SALONS
VINCENT CALLEBAUT ARCHITECTE

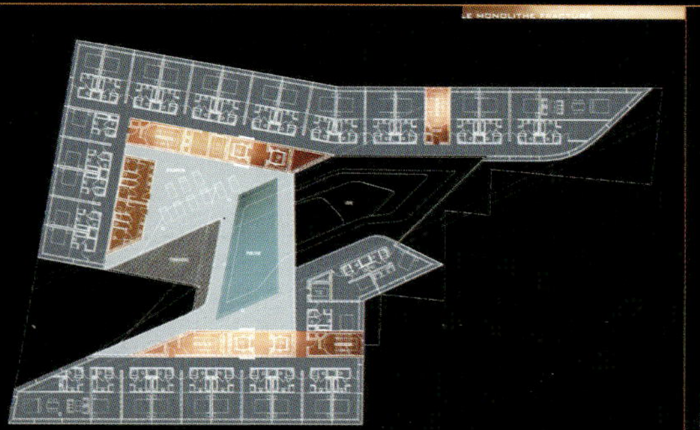
LE MONOLITHE FRACTURE
PISCINE 34 chambres R+5
VINCENT CALLEBAUT ARCHITECTE
HOTEL COMINES FROISSART

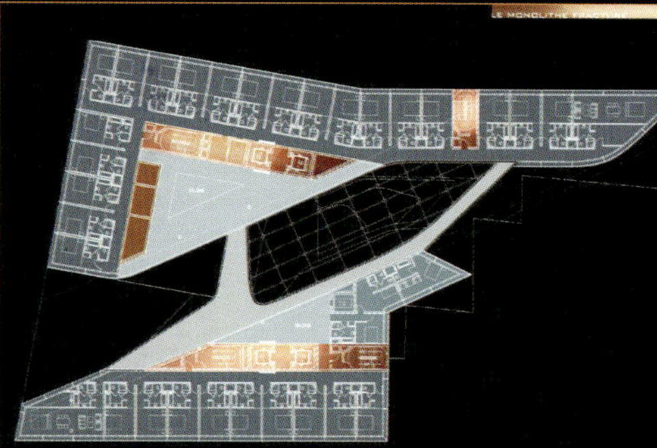
LE MONOLITHE FRACTURE
SALONS / 34 chambres
VINCENT CALLEBAUT ARCHITECTE

RUE NOUVELLE

21 chambres R+2
HOTEL COMINES FROISSART

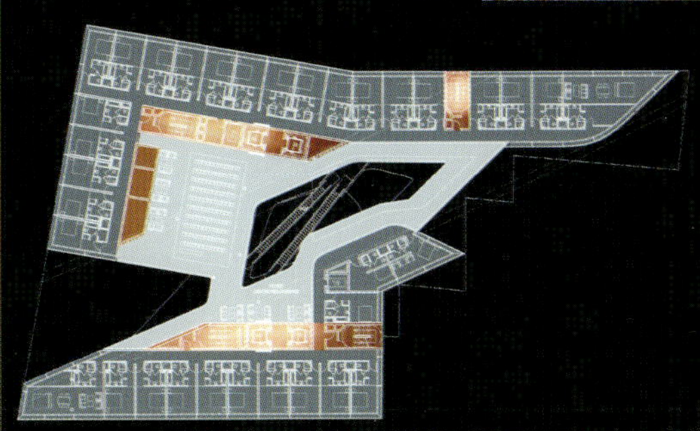
34 chambres R+3
HOTEL COMINES FROISSART

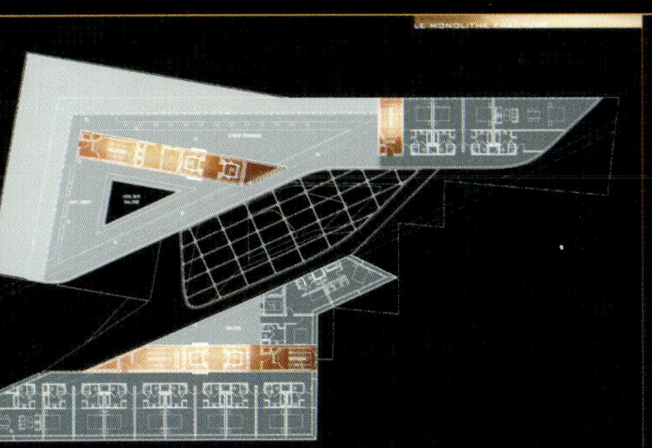
CYBER TERRASSE
R+8
HOTEL COMINES FROISSART

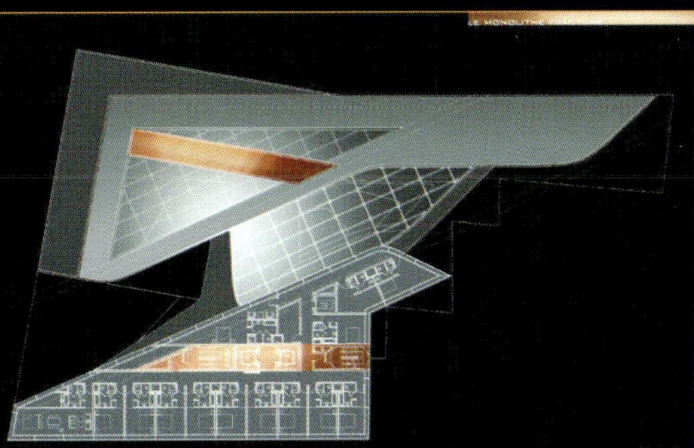
12 chambres R+9 > R+14
HOTEL COMINES FROISSART

Liquid Skin,U2'S Solidified Music / Dublin,Ireland,2003

07 液态表皮，凝固的U2音乐

都柏林，2003年，爱尔兰

U2大厦方案是兼有U2音乐工作室、夜总会、办公、居住和购物功能的地标性建筑，它由具有完美隔声效果的双层表皮围合，中间填充来自河流的水和可过滤工业污染的水生植物和动物。看起来处于永恒的震动当中的形态是U2音乐立体化的、建筑性的诠释。

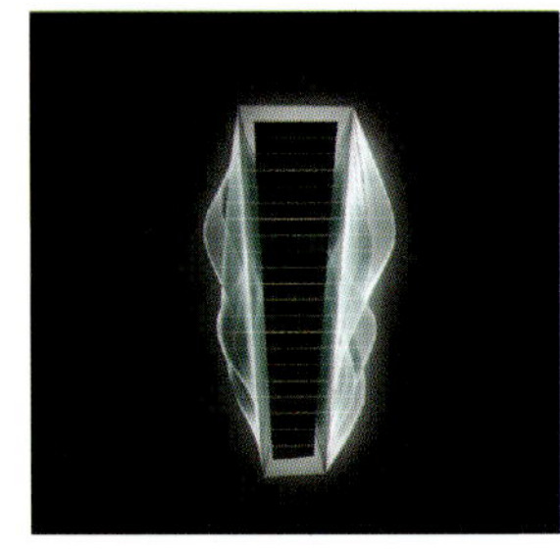

U2大厦方案将都柏林港区打造成为一个世界级的城市和内城可持续再复兴的典范，在这里，整个社区都享受到了教育、工作、住房以及社会休闲设施带来的便利，这些设施也为都柏林和整个爱尔兰社会与经济的繁荣作出了贡献。

在大运河港区，U2大厦像是利菲伊河（River Liffey）岸边景观中的一个标志。在这个秩序化空间中，挑战来自如何避免噪声污染对各自工作的影响。

这座位于不列颠码头上的建筑被设计成一个垂直的水族馆，由双层表皮构成，中间填充来自河水。这种双层的表皮首先保证了完美的隔声效果，然后通过水生植物和动物来过滤利菲伊河排放出的工业污染。

制造噪声污染的空间（迪斯科舞厅、录音室等）都被放置在单独的玻璃盒里面，并被悬挂在建筑物的核心。在这个液体的世界中，外立面向外以正弦线伸展，就像透明的泡泡一样将光线直接引入活动空间当中（办公室、住宅、购物中心）。

U2大厦看起来处于永恒的震动当中。这个建筑是这个著名的爱尔兰乐队作品的立体化的、建筑性的诠释。

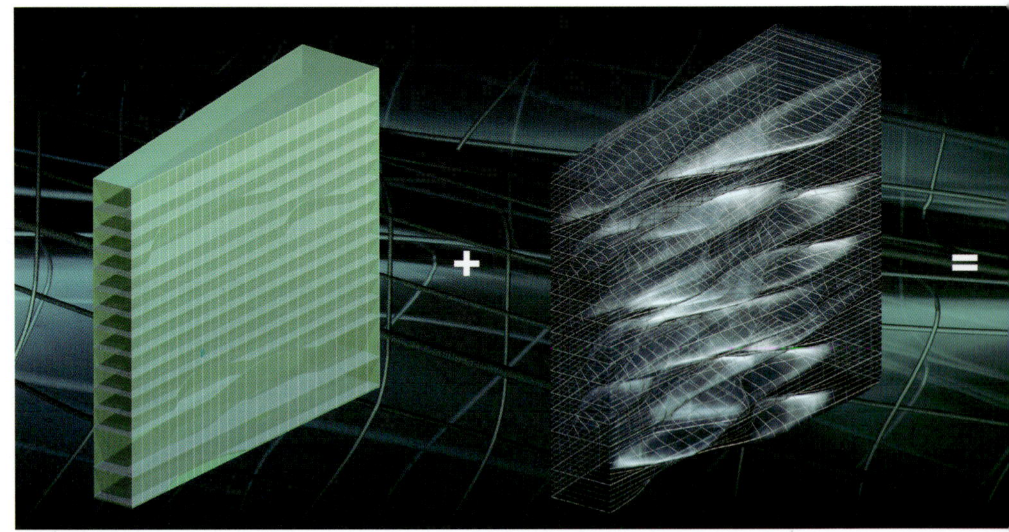

Timber Store
NEW WAPPING ST
NORTH WALL QUAY
A
Crane Rail
SIR JOHN
STREET
BENSON
Ramp
QUAY
Warehouse
HANOVER
总平面图
GRAND CANAL DOCK

Warehouses
Theatre
Warehouse
89-90
WM
94
82
NORTH
WALL
QUAY
Crane Rail
ER LIFFEY
SIR JOHN ROGERSON'S QUAY
WB
QUAY
BRITAIN
arehouses
EAST
Factory
Warehouse
Westmoreland Lock
Buckingham Lock
Camden Lock
RIVER DODDER
Ringsend House
15-30
104
108-116
105-106
117-129
25-56
57-88
THORNCASTLE
Cambri
Square

MEDIA – LA

Moving Trans-Fer, An Oblique Continuity / Saint-Etienne, France, 2001

08 移动转变，一种倾斜的连续性

圣艾蒂安，2001年，法国

作为一个住宅、办公和媒体图书馆项目，本案试图弱化街区的界线，将建筑与基地融合到一种总体的连续性当中，为人创造出集会和交换的空间。它以一种“居民住宅”的平凡状态存在着，为所有的都市游荡者创造新的社会关系。

城市的中间地带处在中央和外围区域两个世界的之间，呈现的是一种双重的景观。在这里，历史性和离散的、居间和混杂的、内部和外部世界之间的边界作为一条主要的轴线同时进行着统一与分割的作用。城市中央和外围的两个环境都受到来自中间地带的既对抗又互补的作用。在考虑其自然因素和界限的情况下，建筑怎样与易变的地面空间结合？通过重新关注“天际线”和“底线”，建筑物的屋面将成为主要的着力点。

Chateaucreux是当代原型城市的新谜题，这种新的网络城市使空间变得连续、充满活力且有无尽的意义，未来的都市生活将在这个网络交叉点的新核心内生长起来。空间的流动性将建筑性元素与他们的观察者以一种具有张力的方式联系了起来。散布的城市更新地段（地图上的红色区域）使场地结构被一种穿越的流动性所凝固，形成新的电车轨道的基础，并将人流分散到未来新的多模式联运站。跨越整个街区与主轴线（Montat大街和铁路线）的街道从视觉上看来是完全开放的，断裂的铁路线实际上成为一种隐性的联系。为了在被切分的区域间建立关联，Berard大街成为了一条绿色装饰带，将它所跨越的街区联系在了一起。这种开放式空间提高了易辨认性，同时使Chateaucreux能够行使联系周边区域的作用。

Parcotrain街区的方案将设计重点集中于城市中央和外围区域之间的中间地带而不是边缘，这实际上超越了竞赛所提出的场地限制。在这里，空间自身显示出地带之间界限的弱化以及内部与外部的模糊性。此外，二元的“图底关系”、“建筑与场所关系”正逐渐消失在一种总体的连续性当中，并为人和物提供了集散空间。如此，这个空间组织结构成为了一种建筑母体，一种将公共功能阐释出来的有形景观。新的都市实践从游牧特性中滋生出来，三座混杂的塔楼是一种表达“另类生活”的视觉和身份标志，在这种生活中，远程办公与居住两个功能在沿街的不同层级的集会空间周围集中在一起。被敞开的Crêt de Roch区域将隧道变成了一种与所有的交通方式相联结的连续的魅力空间。

在Grunner街区，地面明显地升起并减小了主轴线上的交通速度。对于进入空间的观察者来说，视觉上的开阔感觉逐渐增加，导向一个人工的环境，一个可供集会、交换和贸易的市场。它以一种“居民住宅”的平凡状态存在着，为所有的都市游荡者（老或年轻）创造着新的社会关系。

PÉRIPHÉRIE INTERNE
STRUCTURANTS
BOULEVARD EXTERNE
QUARTIERS À REVALORISER
BATIMENTS OU SITES REM.

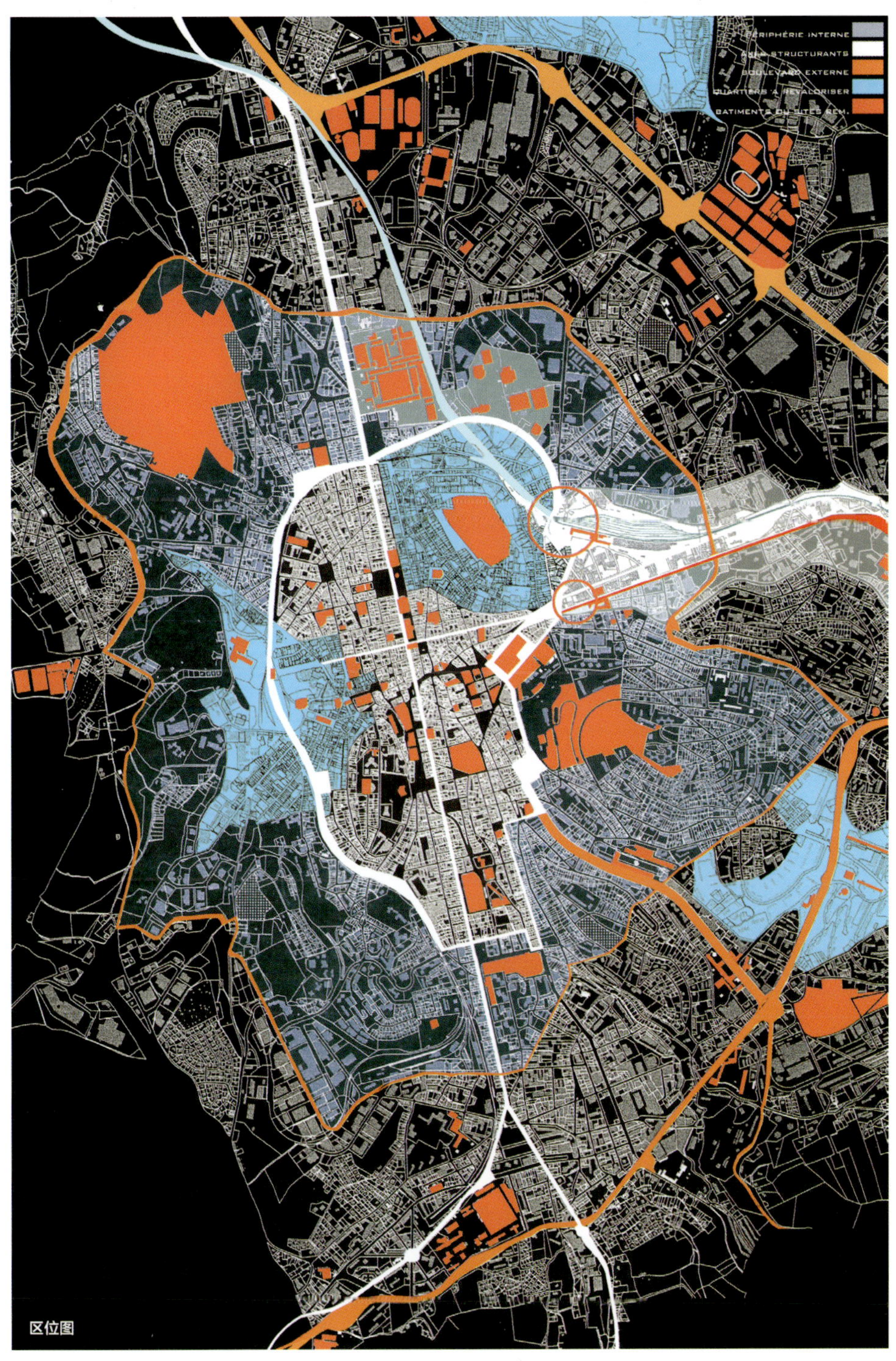

区位图

RUE OLIGNOT
RUE DU GRIS DE LIN
TRAMWAY
AVENUE GRUNER
RUE BÉRARD
RUE DE LA MONTAT
RAMWAY
总平面图

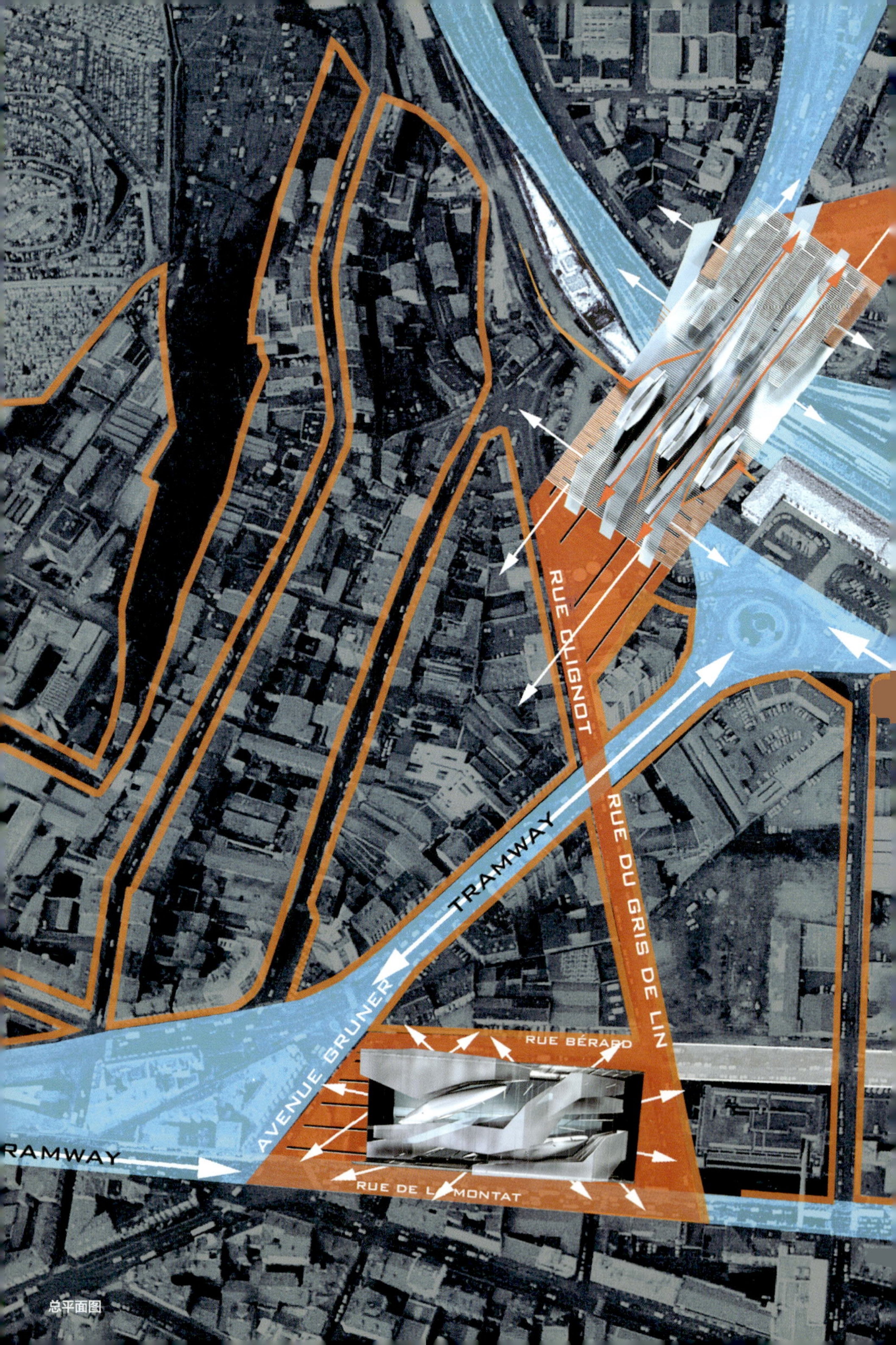

JARDINS
THEMATIQUES
DIRECTION LYON

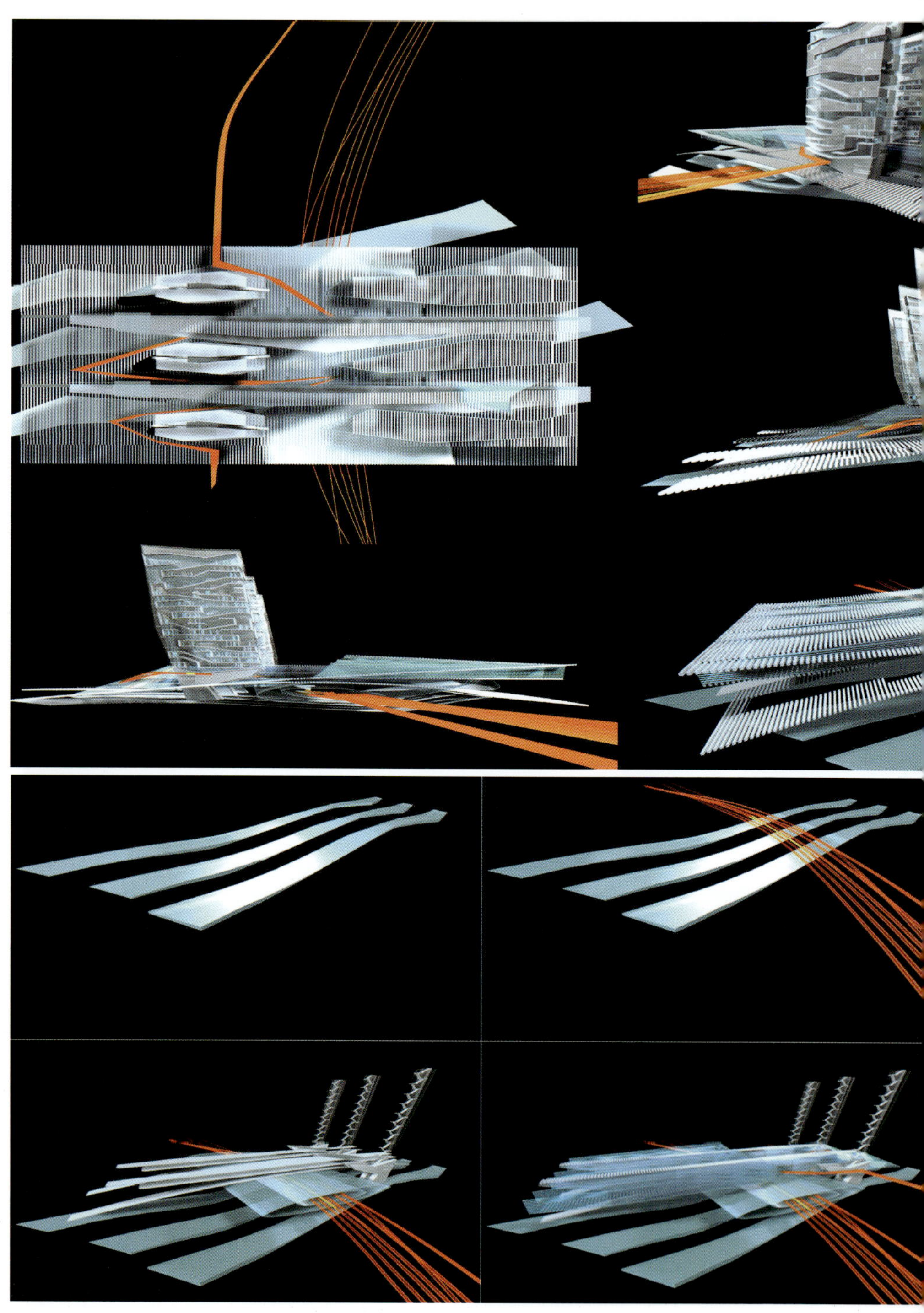

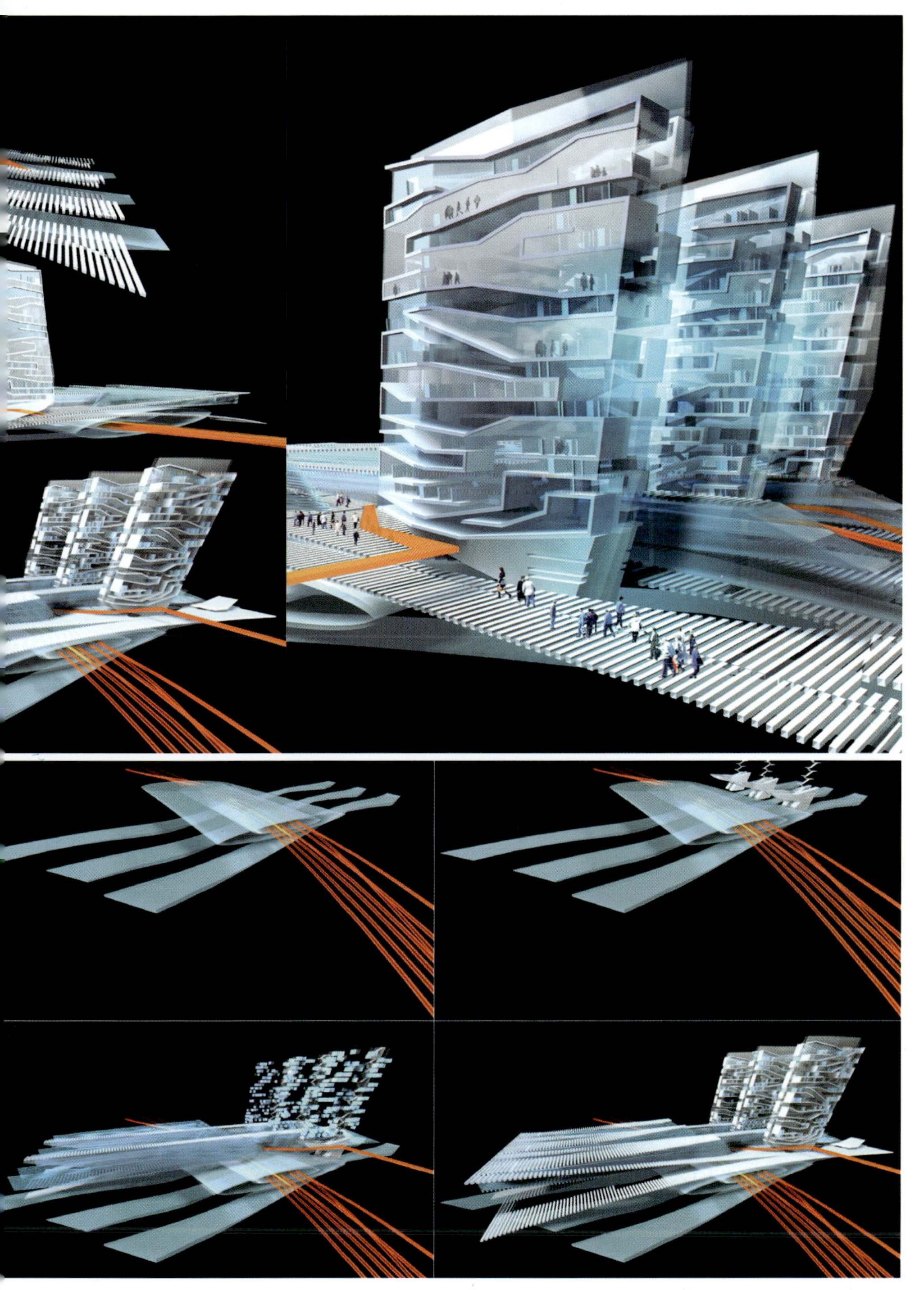

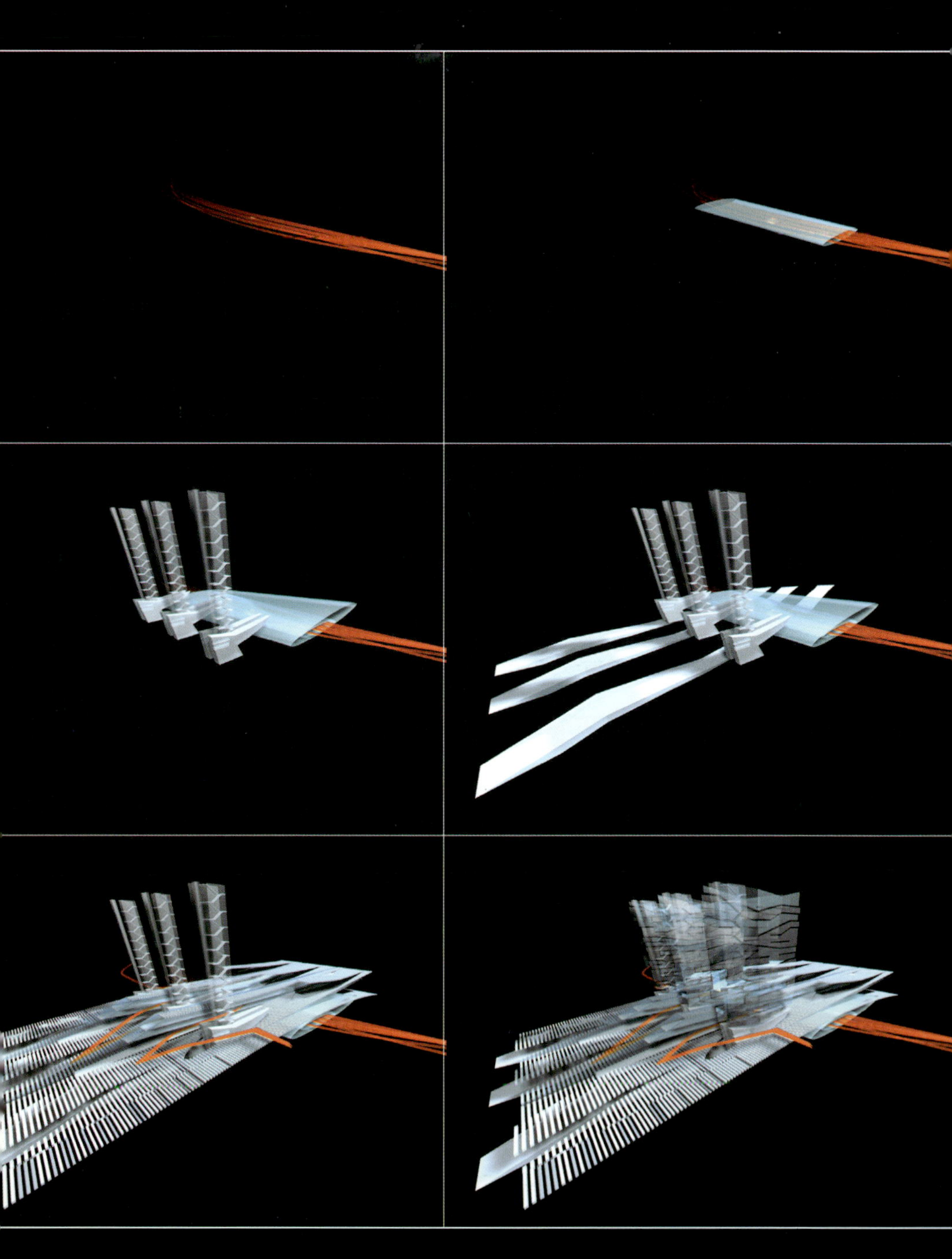

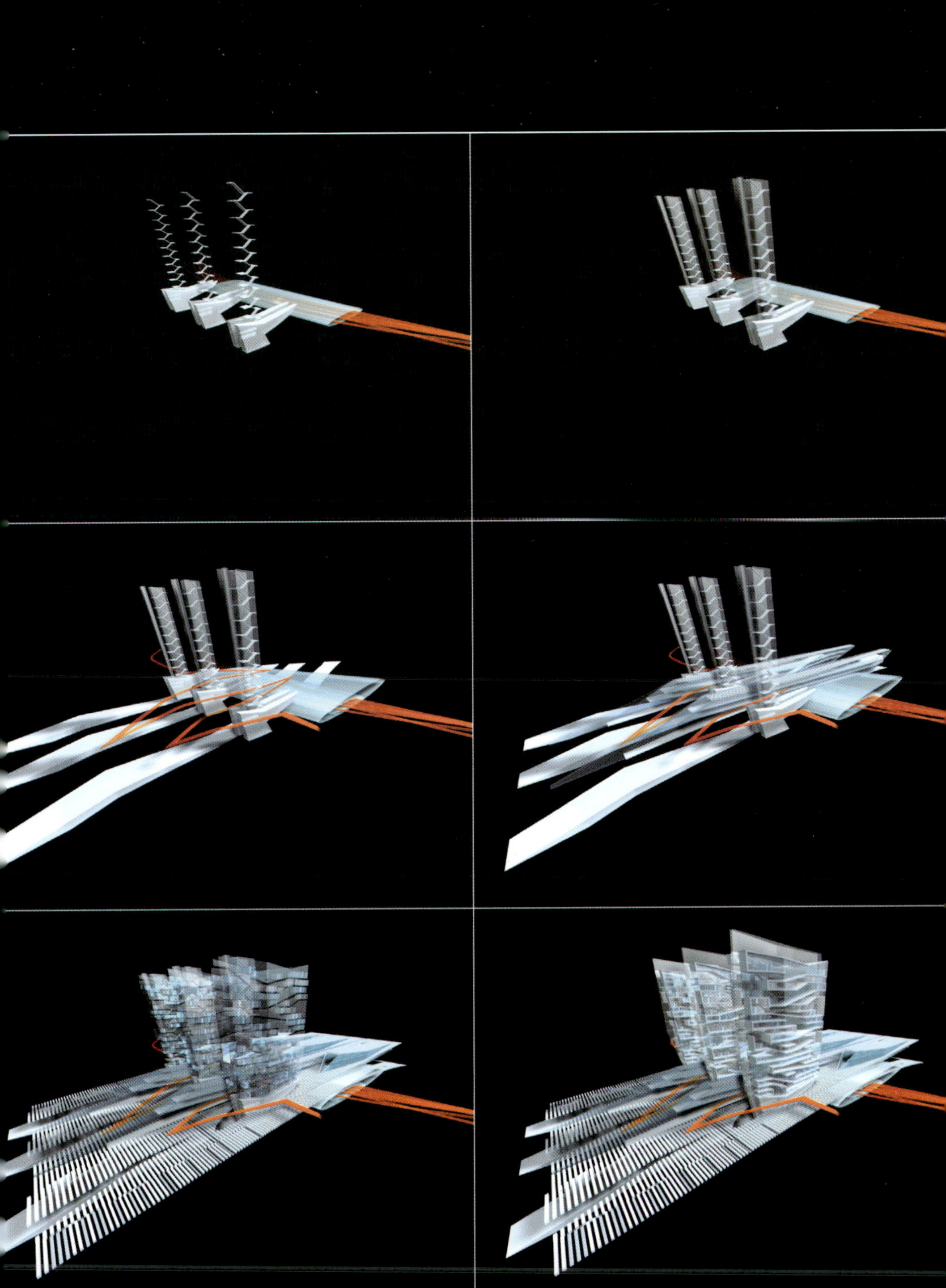

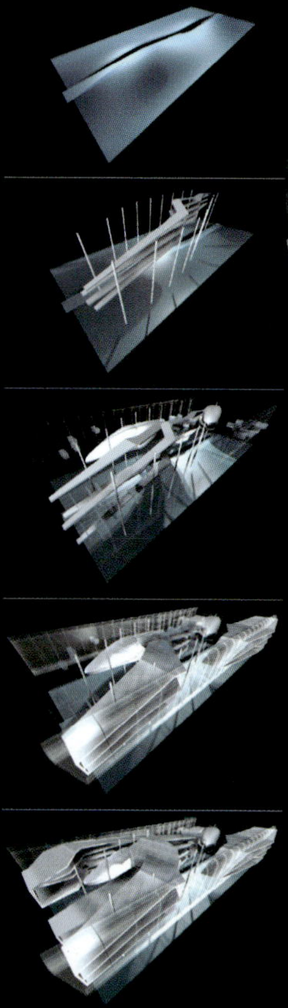

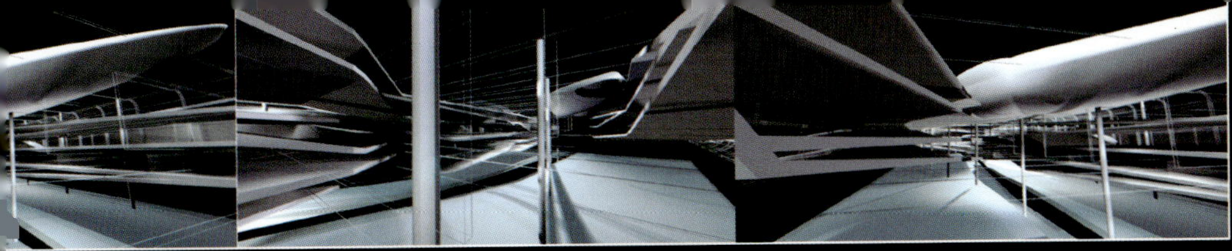

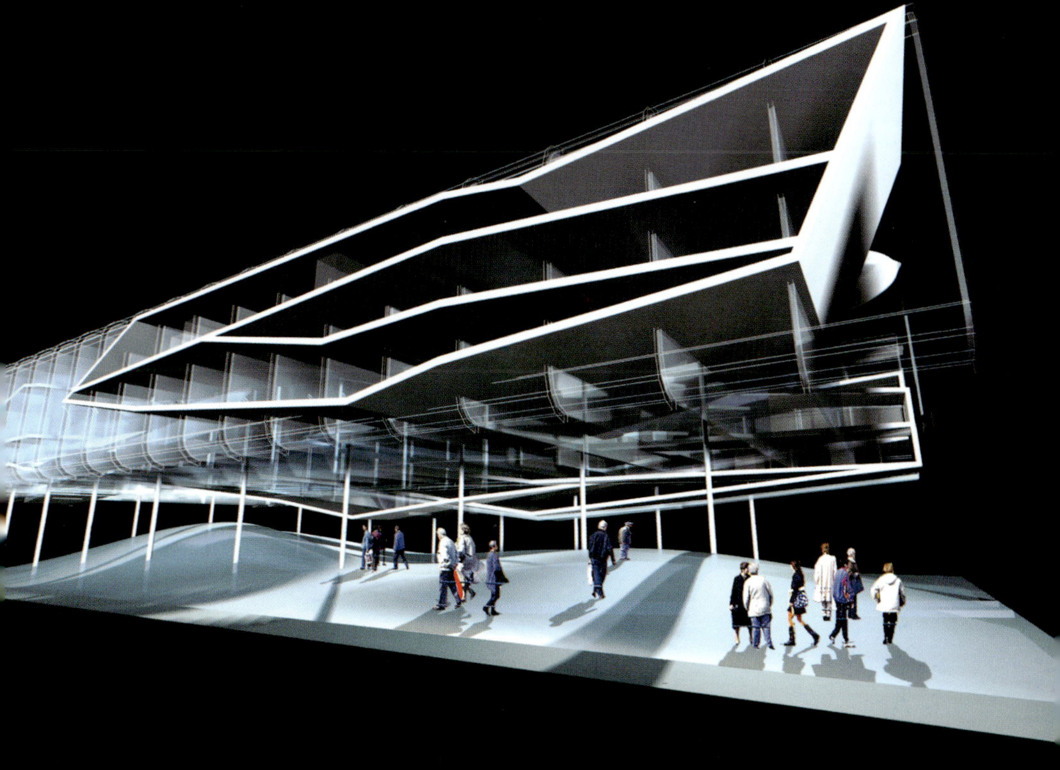

下篇
生长的过程

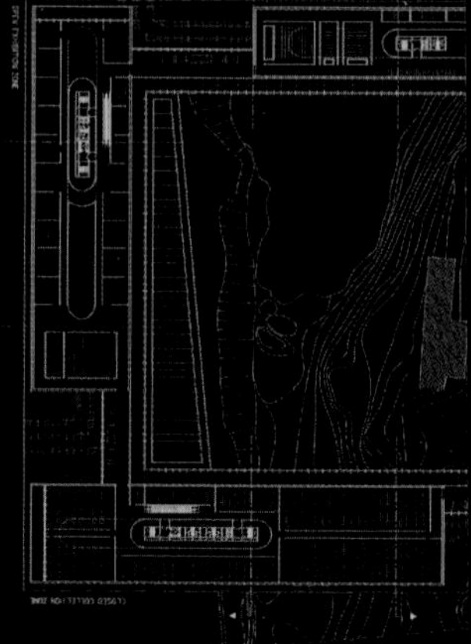

生长的过程

Vincent Callebaut，巴黎，2007年

一个在17世纪被开普勒（Johannes Kepler）提到的假设，又由詹姆斯·洛夫洛克（James Lovelock）于1969年首次提出的理论，宣称地球上所有的生命物质以一个巨大的有机体（名为盖亚，希腊女神的名字）的形式遵循着某种恒定满足自身需要的内在自循环规律工作着。这种自循环系统现在是否存在于地球上还是一个争论中的问题。弗拉基米尔·沃尔纳德斯基（Vladimir Vernadsky，1863～1945年）于1924年所提出的生物圈概念支持了这一理论。事实上，他是第一个正视森林采伐给气候带来的巨大影响的人。但是在当时没有什么人相信他的理论，因为人们认为自然本身具有无穷无尽的再生能力。

生物圈是一个自我供养的全球性生态系统，它将所有的生命体及其相互之间的关系整合在一起，并以岩石圈（岩石）、水圈（水），以及大气圈（空气）将之分割开来。一切活动都在不停地通过元素的循环和储存来改变地球的面貌。建筑生物学从世界的复杂性角度开始研究，大胆假设通过空间信息栅格技术和即时模拟所创造出的、无论是在材料上还是在其运作机制和人工管理上都具有基因编码的建筑，同时识别空间增长的新特性、地貌学和相关的形变。这些原形通过类似合成代谢的消耗过程，不断地更新自身的组织和网络，然后制造出其出生、生存以及死亡所需要的能量，并且参与世界性生物圈的反应过程当中。

微观有机性

将一个项目的开发想象为一个由最初设定的少量参数以一种既定方式发展出来的过程，它通过时间因素来实现，同自然、动物、植物以及矿物有机体的生长具有相当的一致性。它的形状比由算法获得的结果更加复杂，并转变为一种建造性的结构。富勒的测地线拱顶方案的灵感来自于放射虫微结构，生物学家与数学家达西·汤普森（D'Arcy Wentworth Thompson，1860～1948年）在著作《生长与形态》中也提出：研究自然的有机性是一个重新定义设计过程的无穷尽的源泉。

科学世界的进化令人们能够通过对小至人体细胞、大到银河系这样的对象进行微观或宏观的观察，从而了解这些极小或极大的东西。所有的微结构和微米级的有机体都在不断提醒着建筑师：它们遵循着创造的原则，并促使人去探索更新的共生空间特质。

第一个被作为生命体来进行设计的项目是“弹性城市”——一个有5万居民、能够完全自治的水城。这个方案通过注入水质性的场地来对自身最为根本的需要作出回答。城市原型的诞生、存在和死亡都是由有机构成的循环决定的。这座活的建筑所具有的随着人口比例和海平面高度的变化而膨胀或收缩的弹性来自于应用的合成材料，但是随着其形态的成熟（例如，负责其结构和居住者的有机体的建立），弹性体就被通过结晶和石化移植入珊瑚礁塔体内的海洋微生物所替代，由此就用生物性衰退取代了人造性。“生态茧”这个项目令其所在环境（海上、市郊、工业区以及都市）当中的污染型物质被回收，并在对用地中的水流施加生态性衰减作用后，将内部组织作为一种不断进行的摄入、消化和排出作用的真实的新陈代谢融合到一起。这些生态恢复性的项目一方面是带有器官、神经、淋巴、血管系统、腱、肌肉以及反射循环的活的建筑，另一方面则研究了其与所在环境产生的互动功能（新陈代谢）。

第二种类型的方案，如哈默菲斯特“浮岛”、曼哈顿“游牧公园”等，则致力于在城市体系当中建立一个有机的、本土的及可变的开发点，并试图建立具有开放、多向及可移动的自然环境的自由式都市化产品。住宅岛公园的房车以及展示船从中心方案当中偏离出来展开，并根据环境的不同空间形式来进行重组。

詹姆斯·斯特林曾经提到细胞活力的概念：“正交系统以及基本几何元素的应用似乎减少了，它们被某些像自然一样多变的东西所取代。细胞活力是一种包含了多种重复性或是完全不同的元素的建筑，单元体的集合更多是从增长和改变当中体现出来，就像一种重要的晶体构成或是生物性分割一样，而不是简单的杆件结构的稳定牢固的副产品。”每一个整体都是具体而内在可相互转化，可互相叠加，并可以将自身作为一个插件重新充电，正如勒·柯布西耶在《难以表达的空间》当中所说：“建筑包含着有生命的有机体。它们就像树木或植物一样向空间、向光呈现自身，分割并扩展自身。因而它们的每个部分都是自由的。”

基因编码化的种子

位于雷克雅未克的“神经元异体”、日内瓦的“地景脚本”以及布鲁塞尔的“都市紧身衣”等都市化方案都是以非终止性和有趣的开放外形为基础的，建筑师可以在原有建筑的基础上增加、缩减，或替换其中的部件，建筑整体是建立在交互活动基础之上的。通过走出不能回头的一步，建筑师发现了空间不确定性的有利之处。在总平面上，建筑被像种树一般植入土地之中，这些树种被从基因上进行编码，以包含最多的DANAND信息和最少量的材料，以使树木不仅可以生长，更能够发展自己的多边纤维内在结构，完善其饱含树液和水分的根网络，同时也通过光合作用下二氧化碳和氧气的循环、药理性分子系的制造，以及最为根本的自我更新同周围的环境发生互动。

在这些项目当中，只有少数几个是通过复杂的立体几何算法生成的。这些几何形体在生成之后会被自然的修复力渗透和修整，并且这一过程在使用加入维生素的材料及添加了含碳和氮的生物性物质之后得到加速。通过快速编织自身的适应性网络，这种基因生物建筑围绕着总体规划结节上的异体根须从根部繁衍生权，它们的根圈、新动作、影响范围以及新生态圈的底层也交织在一起。

尽管科学研究正在尝试为医学和工业需求开发生物机械性的外骨骼，这里的各个项目试图建立一个可变的、具有弹性和流性的表皮结构系统。与Barnes Willis爵士为太空船R100的制造项目而建设的测地学系统一样，带有有机曲线的表面以细微的线将不需要内部结构的点连在了一起，这个由于多次反复而保证了更多的平滑性的网状结构就像多细胞动物一样。对于都柏林项目“感官地理”当中生态塔，或是日内瓦“地景脚本”总平面当中的居住茧，外骨骼的内在深层结构及活性体不但定义了个体的空间，更生成了在水平和竖直方向上连续的新序列。通过信息系统对数据流的图像性表达，建筑师能够研究系统与外部整体之间的互动关系。与欧几里得几何学相差甚远的表皮结构不仅是外壳，更重要的是具有开放性，无需组合或是拆分就能将建筑有机体进行细分，而由于有连续的流动空间，部分的结构构件可以被移除。

SAMSUNG

Perfumed Jungle / Hong Kong,China,2007

09 飘香丛林

香港，2007年，中国

作为基于生态设计原则的海滨中央商务区规划，本案试图在香港建立一个能够提高房地产的可用性的、生态上积极而稳健的生态都市图景。这种新的生态都市空间应当是自给自足的，同时还能制造它们所需要的更多能量并能够保护生物多样性。

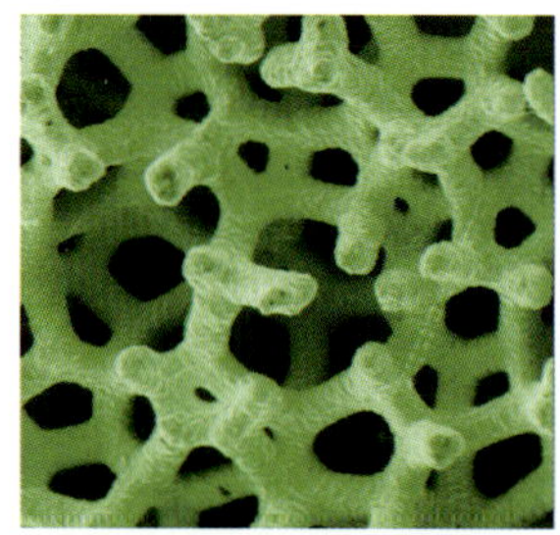

中环商业区的都市网被环绕在群山当中，从南边的维多利亚港和蜿蜒的西江（珠江）就可以看到。沿着陡峭局促的地貌，整个城市垂直地将自身通过一群或多或少相互冲突的钢筋玻璃塔楼构建起来。香港是世界上人口密度最大的地区之一，在这里每平方公里居住着3万人。为了解决人口过密的问题，“丛林”这一方案提出重新驾驭自然，并开拓这个过渡现代化的城市领域。

在南中国海的心脏部位，这个“飘香丛林”将会通过令都市景观重新自然化以及其自身在中环的扩张而存在于一个都市森林当中。在可持续发展项目的框架下，建筑师的目标是通过建立一个生态上积极而稳健的图景，提高房地产的可用性。这意味着新建的空间应当是自给自足的，同时还能制造它们所需要的更多能量并保护生物多样性。

对于中环的重新定义为建筑师提供了一个认识水生世界和通过流动性的液体空间对其进行重新阐释的机会。由被细胞贯穿的连续层界定生成的新的生态基层是方案的基础。实际上，一张由不规则单元构成的网络使水能够渗透到现存都市肌理的最深层，同时其面对塔玛场地下凹的部分则高于敦和里（香港中环地名）。这张网紧贴着维多利亚港，并一直延伸到高楼的底部。通过波动的回流不断地分离并在其极点重新合并，这个多模式的复合层将所有相关的交通模式，包括空港、轻轨、地铁、渡船、私人游艇、中央湾仔迂回、多种循环道路、特权及非特权公共汽车和小汽车等都融合到一起。

“细胞”在相互交替的行列中交叠，将来访者放置到一个连续的开放空间中，这个开放空间里有游泳池、散步道、延绵数公里的新码头、行人或自行车专用滨海大道、小码头、沼泽、用于生态净化的潟湖、海洋博物馆甚至水上剧场等。在基隆半岛的天际线面前，一条真实的瀑布以及被植被覆盖的台地就像梯田一样出现在这个第五立面上，没有任何墙体，只有无界限的拓扑形式。这些空间不仅用来居住，更被设计成各种动物和那些移植来的植物的家园，这里因而最终成为了一个新的生态系统。它与从东到西的中环渡船码头、IFC大厦、香港市政厅、马戏团广场、香港演艺学院、会展中心和湾仔体育场构成的网络联系在一起。

一组采用有机技术的塔楼从水中冲向天空，并把它们的根部深深地

扎进了南中国海，成为促进空气循环的树塔。这些塔楼像真实的树木一样通过自身繁殖根茎生长起来。事实上，它们的结构沿着由许多分枝构成的树木状躯干生长，在这些枝杈周围，渔网式的表皮构成了融入环境的外壳。渔网状表皮通过基层的衬垫和植被的养料以一条随机的路线闭合起来，以保证其像一株肥硕的植株一样生长。这些生态塔的空间构造为它们提供了双重的功能：被称为树干内部的空间将会为住宅提供私有的空间，而分支的外部则是休闲空间。功能的多样性希望通过一系列相互交换和联系的社会生机来激活该地区的夜间活动，以解决中环商业区的夜市问题。

在冬季干燥的亚热带气候下，树干塔楼被道路和行人步道网络联系在了一起，进而变为真实而带有强烈的民族识别性的垂直花园。正弦曲线唤起人们对于中国彩陶艺术的记忆，并反衬着周边环境。同样，这些塔

楼用亚麻编制的绿纤维的外表暗喻中国。这些有生命的建筑设计受到生物学和植物学启发。根据美林投资银行的报告，香港的大气污染将会大大降低香港的竞争力，尤其是与新加坡相比，香港的工作者及其家庭将会选择离开香港来保证他们自己的健康。为了降低污染，这些新生态塔楼的新陈代谢将会净化并集中回收排放的二氧化碳气体，通过光合作用将之转化为氧气，进而以废热发电技术来制造电力能量或热能供给都市管网。

在21世纪的开端，香港是不是能够首先建立一种当代生态都市模式作为长期持续发展的范例呢?

OLYMPUS

Neuronal Alien / Reykjavik,Iceland,2007

10 神经元异体

雷克雅未克，2007年，冰岛

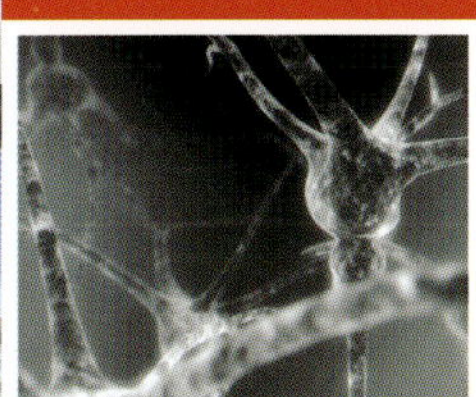

本案是对冰岛首都雷克雅未克市中心附近一块接近150公顷区域的未来主义的总体规划。它充分挖掘地块的潜力，加强和扩大内城以研究、技术和知识密集型企业与新居住方式相结合为基础的功能，创造一种充满活力的、具有灵活可变性的当代都市肌理。

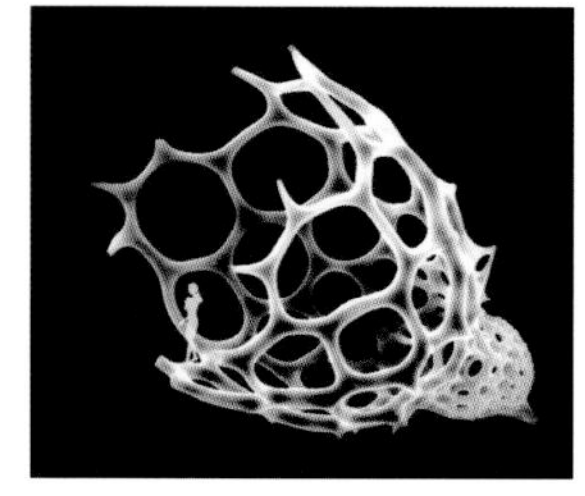

Vatnsmyri是一块接近150公顷的大而平坦的区域，位于世界最北部的国家冰岛首都雷克雅未克市中心的附近。该地区现在被一座机场占据。这座机场是英国军队在第二次世界大战初期建造的，主要为国内航班、旅游航班以及飞行员训练机服务。根据新的市政规划方案，这座机场将在2024年移换新址。

神经元异体方案的目标是充分挖掘Vatnsmyri地块的潜力，加强和扩大内城，提供更好的服务质量，营造更强的社区一体感。这个未来主义的总体规划将会通过创造一种具有活力的当代都市肌理和以研究、技术和知识密集型企业与新式居住方式相结合为基础的灵活可变性来提高Vatnsmyri的国际地位。

神经元异体的结构覆盖了现存机场的起降跑道。这种密集而又极具弹性的结构松散地从中心地带蔓延到Vatnsmyri地区的三种生态系统当中。

湿地以及筑巢区：
该区与Hljomskalagardur公园及其北部鸟类栖息的湖泊有着直接的联系，筑巢地区被划为冰岛的自然保护区，并成为城市保护性管制的重点。

海岸：
具有暴露的河床、岩石、池塘、海藻和鸟类。Nautholsvik热滩以北的海岸同样是具有一系列低岸的自然海港，岸上的堆积层直接暴露在外。Skerjafjordur海湾及其海岸、小岛、泥滩作为一个整体成了野生动物重要的栖息地。

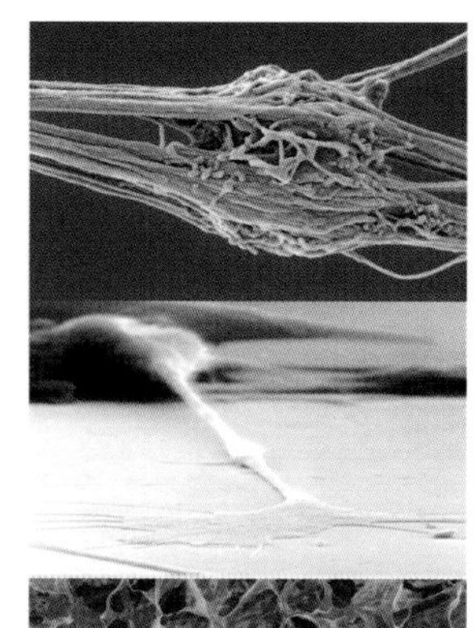

Oskjuhlid山斜坡：
离Nautholsvik非常近，是第三个拥有冰岛全部植物的地方。这里有都市中心区内最大的森林。

神经元异体在本地动植物间扩展开来，以重新建立一种新的生物小区。它作为一种多孔且具有新陈代谢能力的有机体，具有通过吸收周围环境来重新生成自身的功能。该地域复杂而相互交织的碎片与其自身带有的泡状结构相结合，形成一种具有新都市社会性的可栖居的载体。通过这种细胞裂缝构成的三维网络与城市、信息、生活、心理、空间流混合在一起，因而与周边组团和冰岛上的生命都紧密地联系在一起。

在这个种系高技术项目的干道上，科技公园的所有功能在土地、海洋和空中混合在一起。研究的焦点、技术和知识都融入内在互相连接的细胞住宅网络当中，有机体的表皮底层通过晶体泡刺穿自身来将自身变化成进化的景观。种系结构的室内和室外混合在一起，因而形成了私密和公共空间。

每一栋建筑的建造都通过改变和适应环境来表达自身。主轴通过一种漂浮的多孔结构的可栖居环联系在一起，每个环的中央是一座供多种生物共存的生态小岛。人类和环境是不可分割的，一者成为另一者的神经系统，合起来则形成了一个完整的躯体！

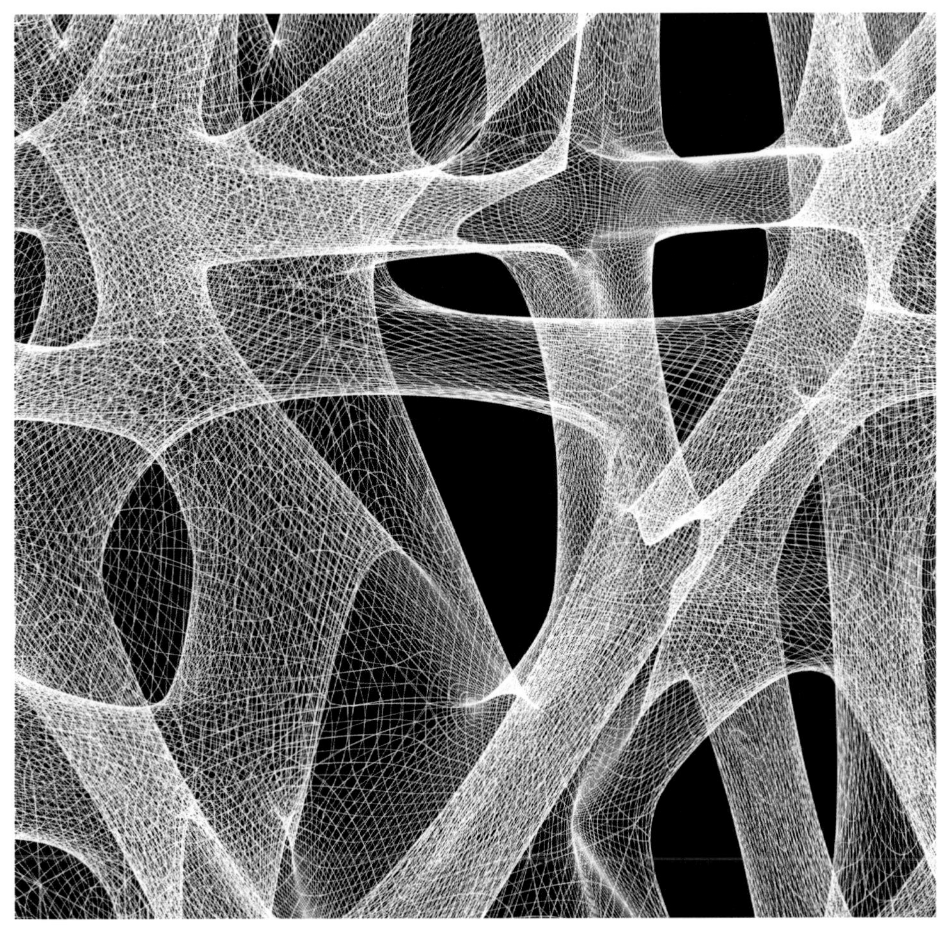

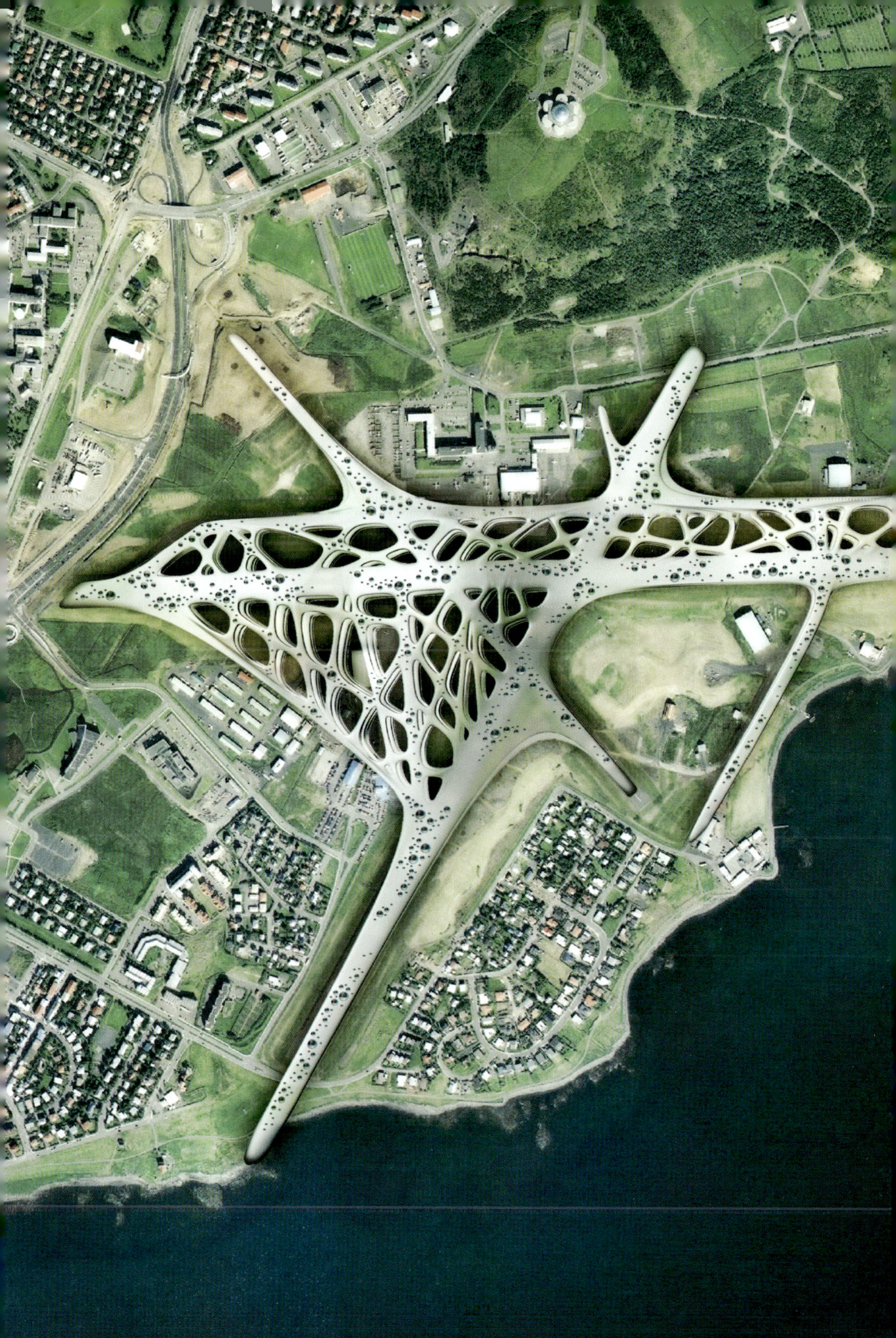

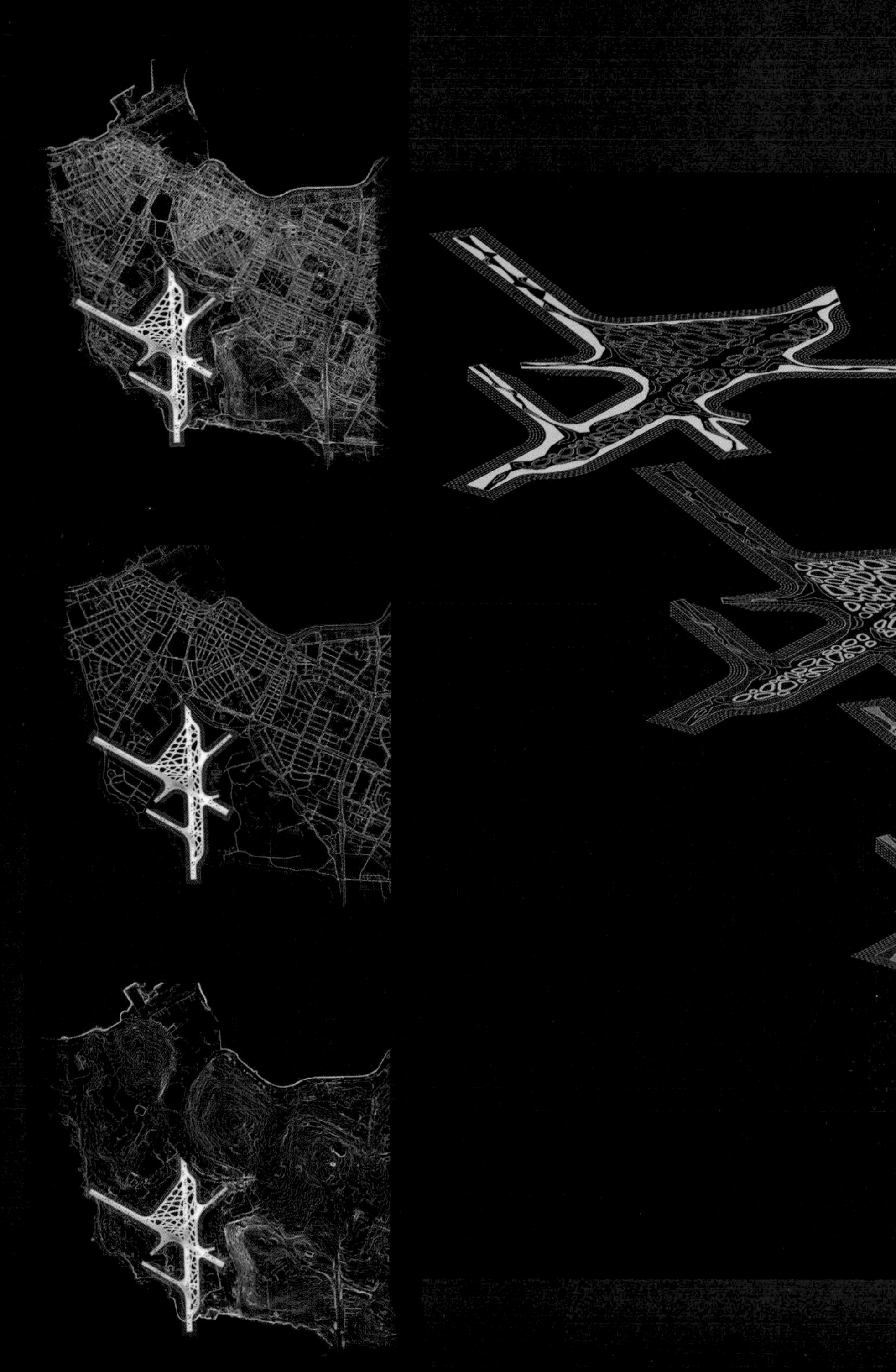

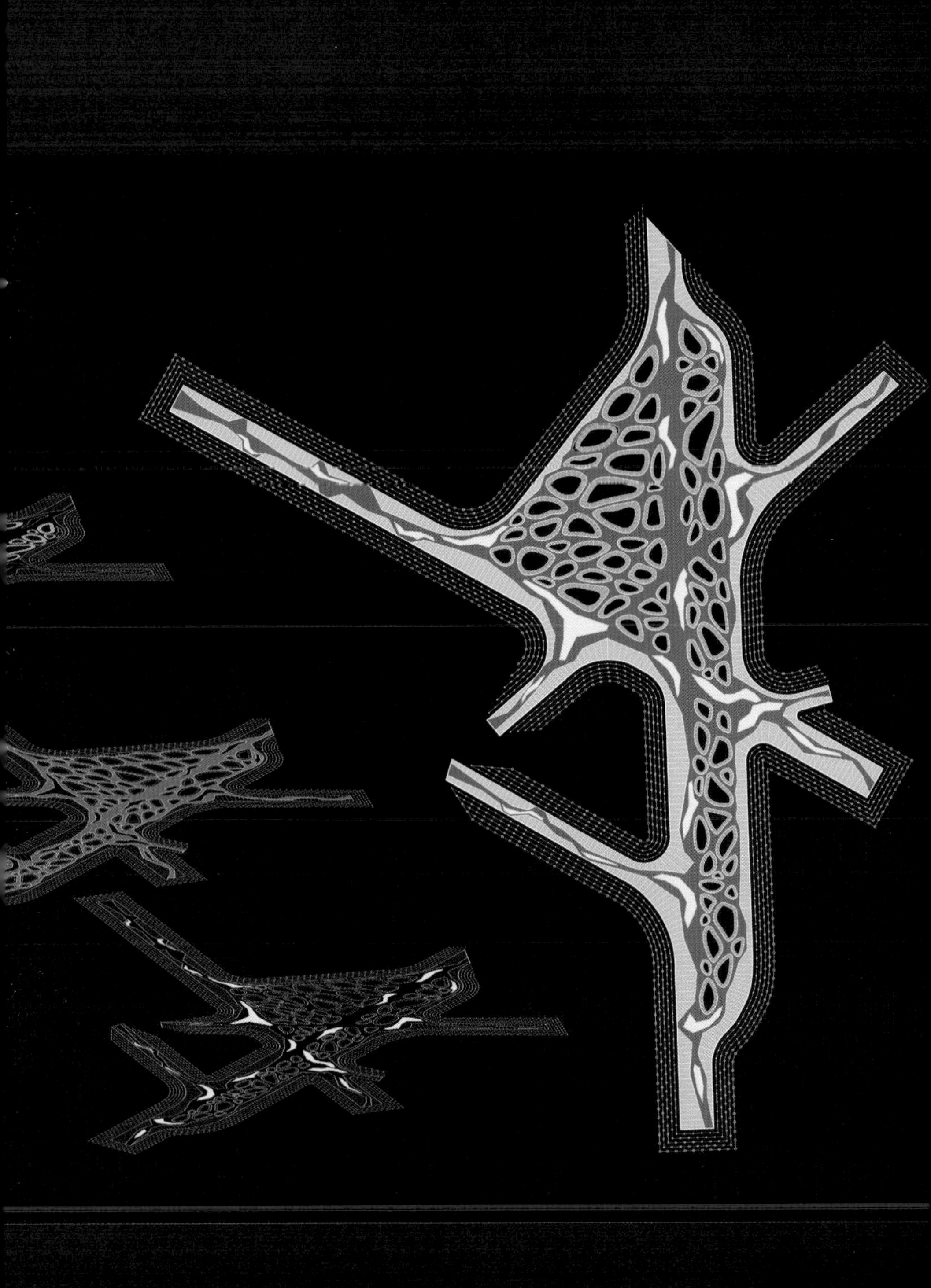

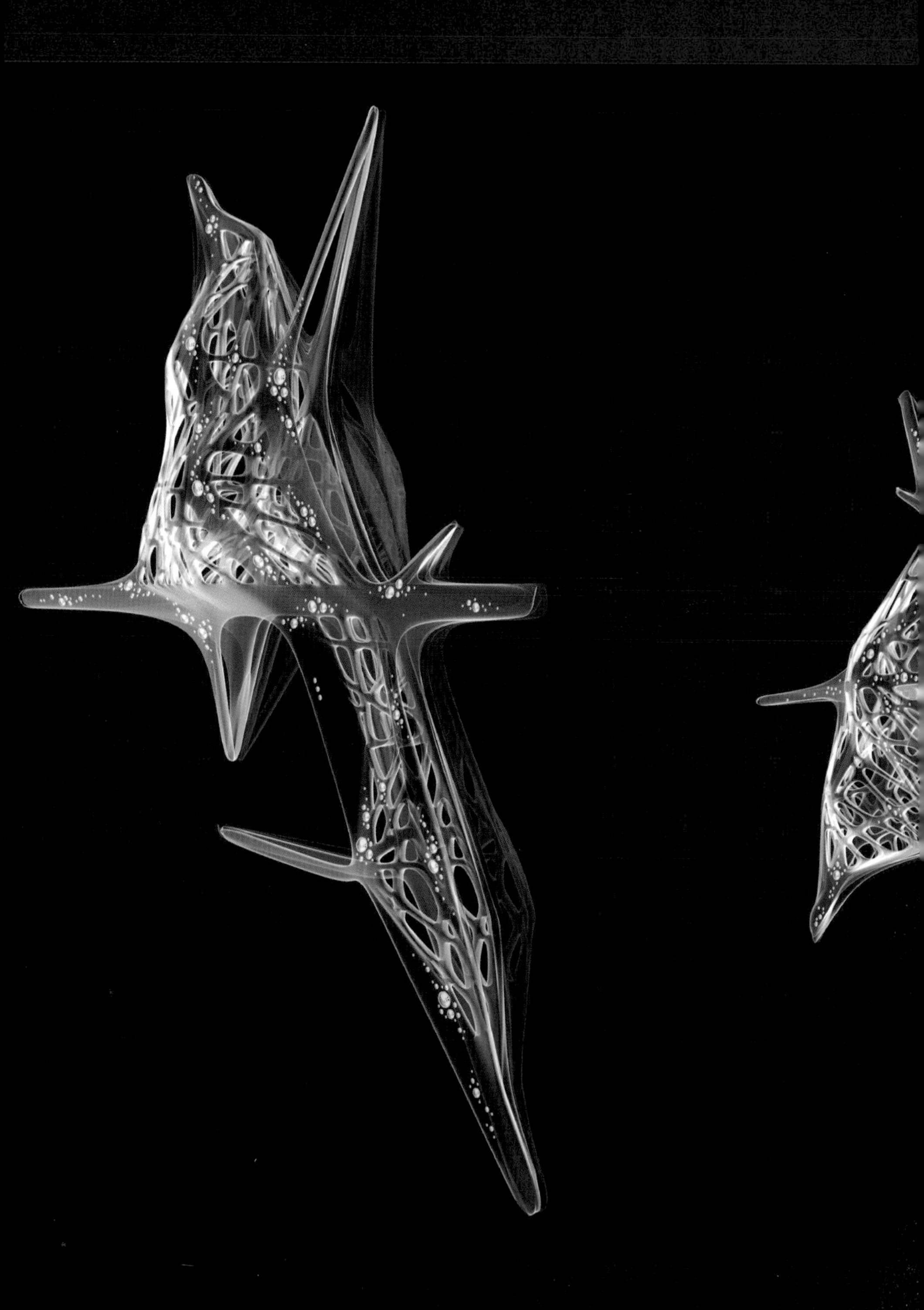

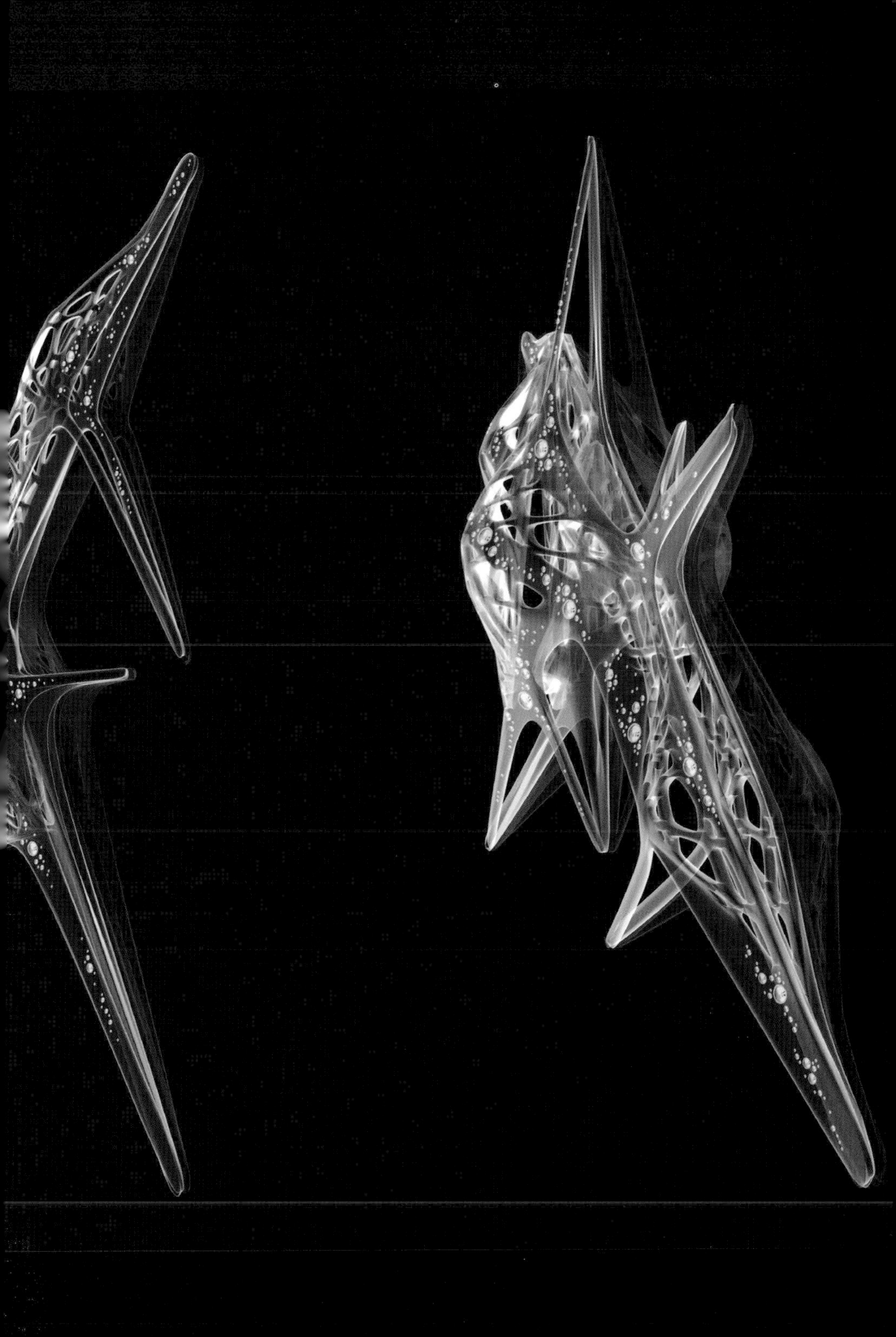

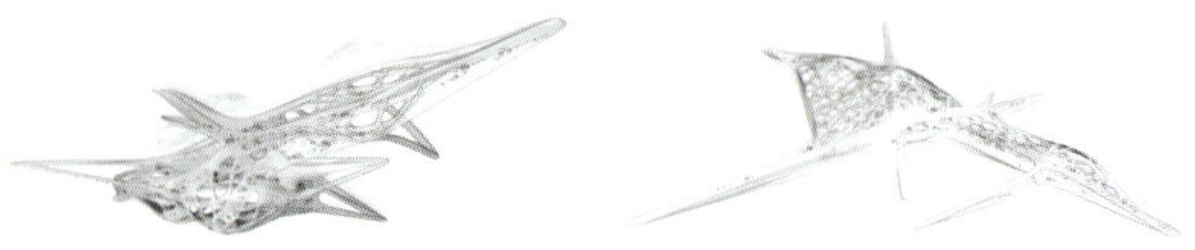

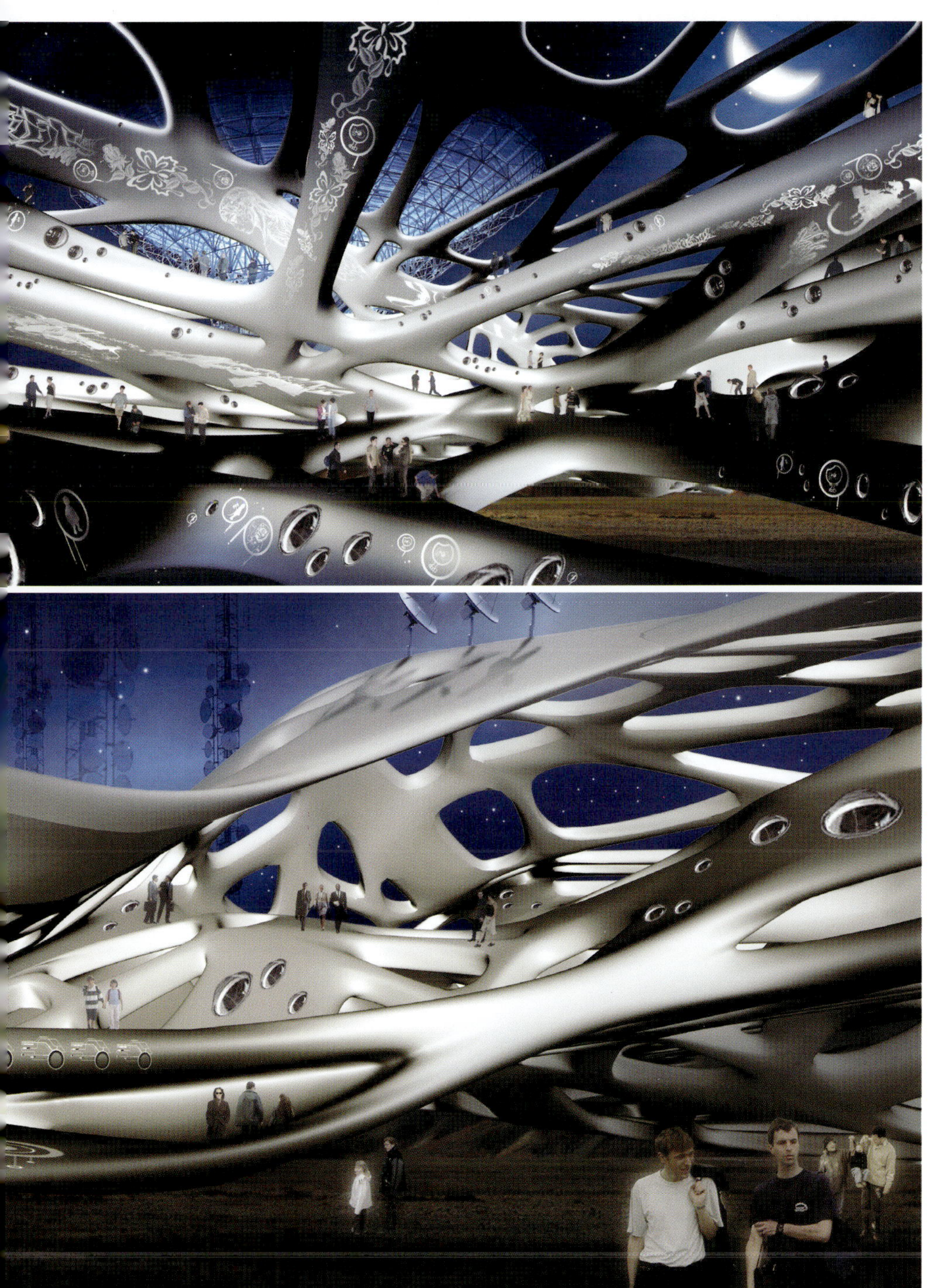

Landscript / Geneva, Switzerland,2005

11 地景脚本

日内瓦，2005年，瑞士

本设计是“日内瓦2020”praille-vernets-acacias地域改造和浓缩城市规划公开赛的参赛方案。项目概念起源于地区性基因，为了在已建成的城市肌理与倍受重视的生物多样性之间重新建立一种平衡的生态系统。

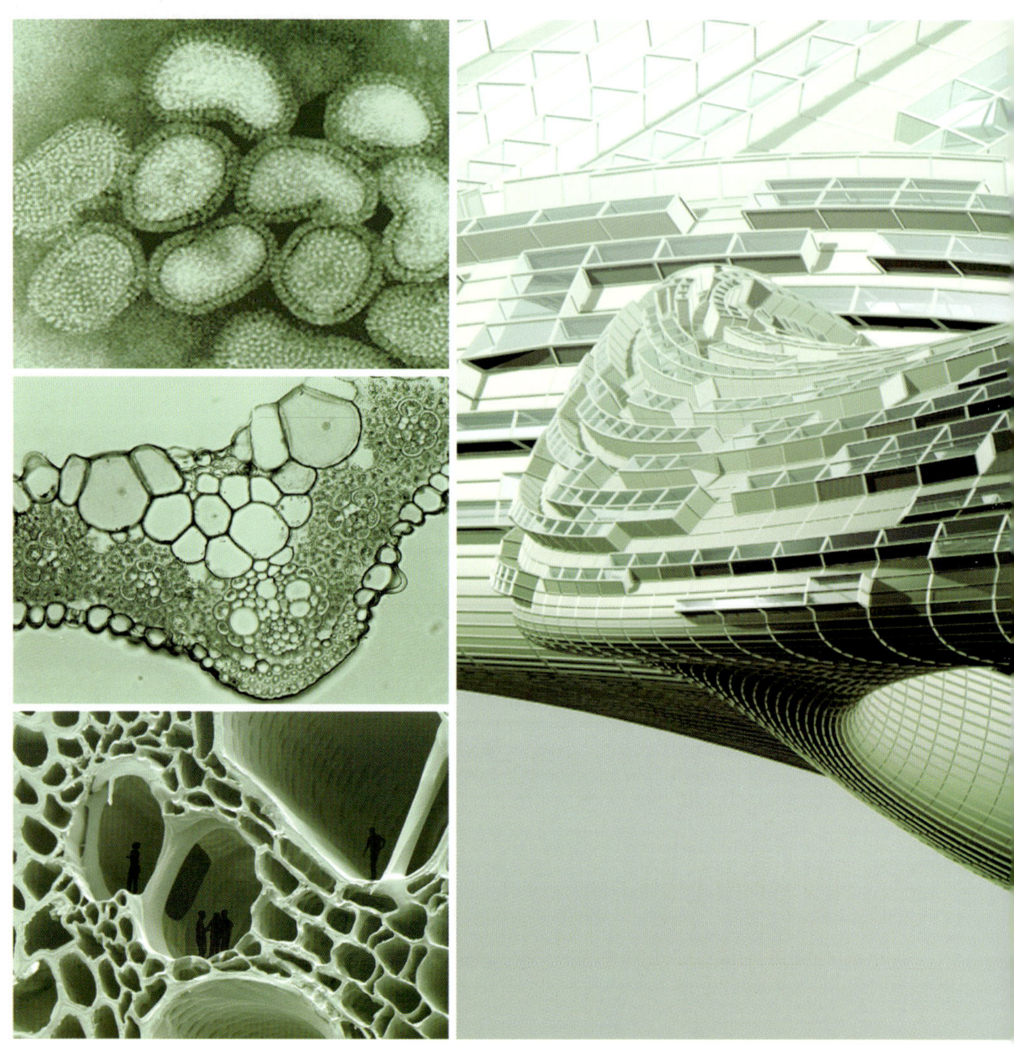

随着土地政策最终在《无疆未来》中放开，日内瓦市将在2020年之前大大提高约220公顷的边缘区域的密度。“地景脚本”项目属于这个迄今为止只在工业领域实施过的实验活动的一部分。

该项目的目标是实现“最大的对偶空间中最小的自由空间”，它将以4的容积率（1平方米的占地面积上建造4平方米的建筑面积，其中包括公共和私有面积）来容纳超过10万个新居民及其生活所必需的各种设施。

项目的目的在于解决高密度都市的运转问题。欧洲后工业革命产生的典型问题就是将旧的城市外围用地转

变成了多功能的中心区域。在这样的环境当中，建筑师有意地将项目与Lemanic地区的全球化进程整合，同时考虑周边的山、水元素。景观被叠压到原有的工业厂房和铁路设施当中，进而在城市中将自身重新建立起来。

地景脚本提出了一种进化性的愿景：在今后15年内不断地进行景观的自动自我复制。实际上，这一项目的概念起源于地区性基因，目的是

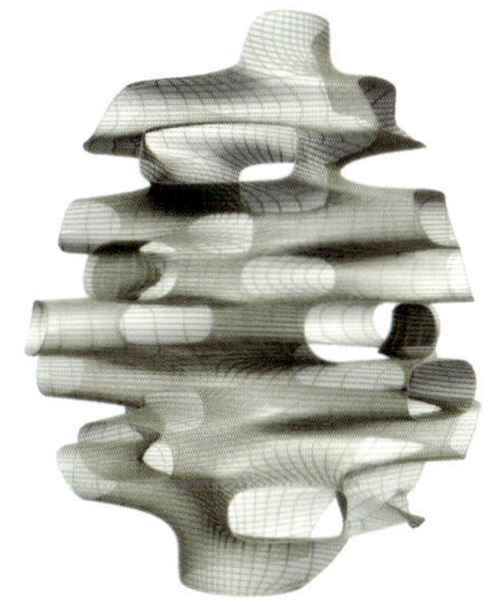

在已建成的肌理与倍受重视的生物多样性之间重新建立一种平衡的生态系统。这些地域性的基因事实上是景观的历史性特性，同时它们也是都市发展的新导向。

场地位于一块冲积平原上，并与一块冰川运动后留下的冰碛相邻，已经丧失了其本身所有的历史信息。而这样的景观正是工业城市的混凝土外表侵入自然景观的好例子。现在场地内已经完全不存在植被了！只剩下Bǎtie au Bachet和Pinchat之间的木质斜坡隔离障及伴随它的木架束缚结构。地景脚本正是从这个木架束缚结构开始重新编织一种能够持续生长并自动复制的泡状植被网络。这三个地区与铁路系统和工业体系均发生联系，同时这两种活动都日益获得了总体上的和谐。有植被覆盖的、Jeunes高速公路上的跨桥道路与公路及铁道网络相连接。

在超过15000年的时间里，这块场地都被水域和冰川冰碛的力量不断地塑造着，在其进化过程当中，由三条大河所形成的巨大三角地一直被三条河中的Aire河和Drize河覆盖着。水域作为日内瓦景观不可或缺的因素，已经不再灌溉任何该地区之内的地表。只有场地北端曾经遇到过大洪水同时岸线也经过修整的Arve河还保留着其作为一种基础设施的巨大可识别性。“地景脚本”希望将这些露天挖掘的水流重新组织到Jeunes高速路的高架桥之间，将日内瓦城市南入口突出出来。这两条重新开凿的河道是人工景观的主线，它们将会被即将入住的10万新居民及其所需要的设施所占据。Aire河和Drize河到达Arve河并与之交汇于一个湖泊，湖泊的岸线被重新规划建设，与铁路道口相连的河港在城市中心创造了一个多模式的休闲娱乐点。

“地景脚本”呈现出了世界范围内都市进化过程的第三个步骤。事实上，在景观环境当中建立城市之后，就是景观在城市中进行自我重建的过程。从这个观点看来，所有的建筑物都可以被看作地理抽象化和生态系统变化的产物。

每一个人工景观都有一定程度上可变的二元性，以保证一个合理的密度。在项目的中心，可栖居的山脉从Jeunes高速公路上直接树立起来，原本这条高速路已经完全切断了一切连续自然环境的可能性。在这些巨大的建筑底部，Aire河和Drize河将一个新的潟湖网络、河港和Arve河建立的主线联系了起来。这是一种全新的地理特征，它改变了山水关系，并将其与住宅、次级和第三级活动混合到一起，使得所有公共设施（学校、教廷、大学、剧院、博物馆、购物中心）整合为一个有机整体。

这些自然景观当中以有机轮廓出现的建筑，无论从现有研究的角度还是长期发展的角度上看都是能够自给自足的。它们自己产生能量（通过生物气、光合作用细胞和风能），回收自己的废弃物（通过生物性燃烧和菌床），同时还使用通过净化站和潟湖进行自然过滤的水资源。

通过这样的愿景和梦想来重新考虑城市的未来，可以说日内瓦是一个湖之城、山之城、森林之城、河流之城！

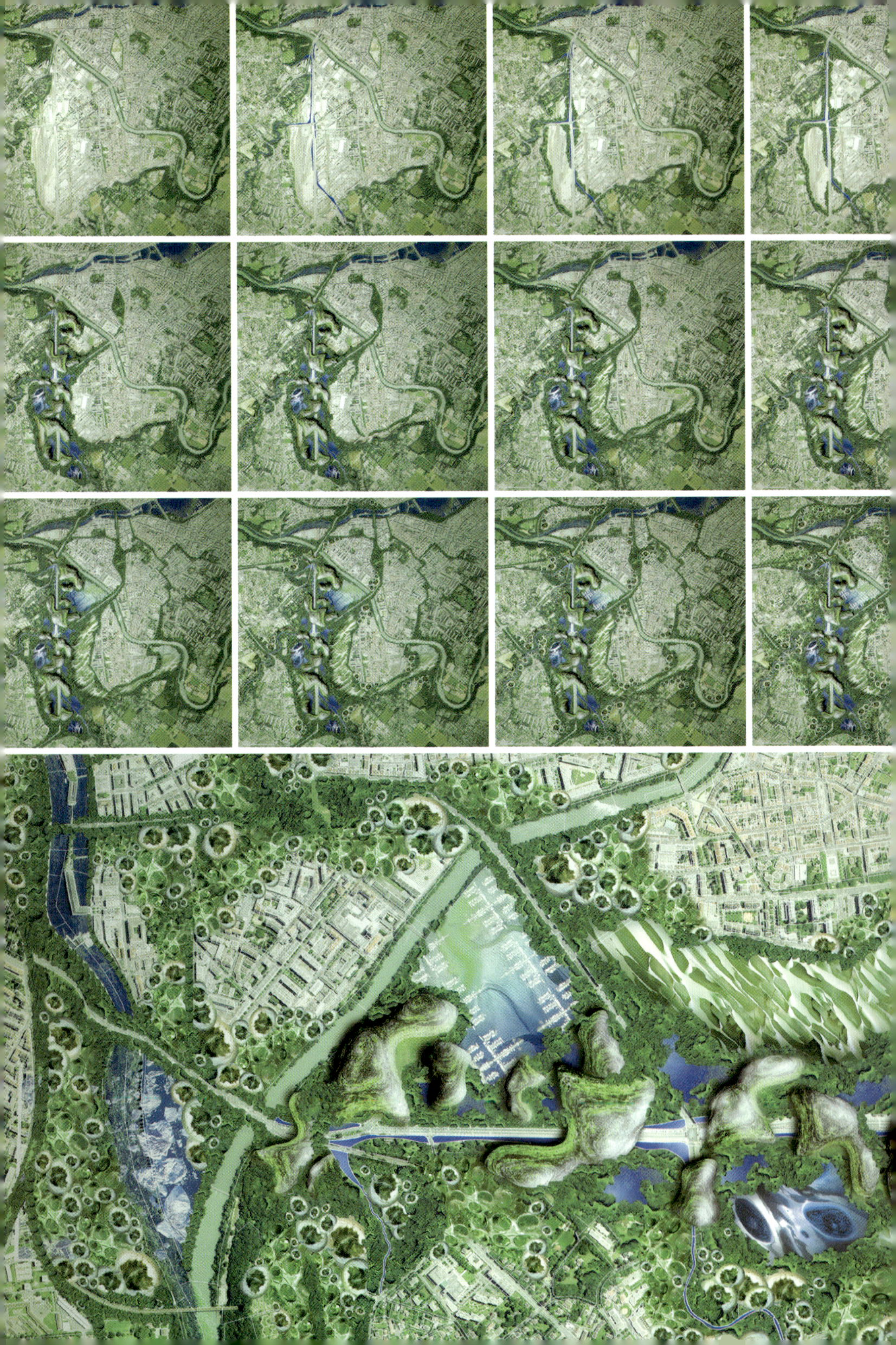

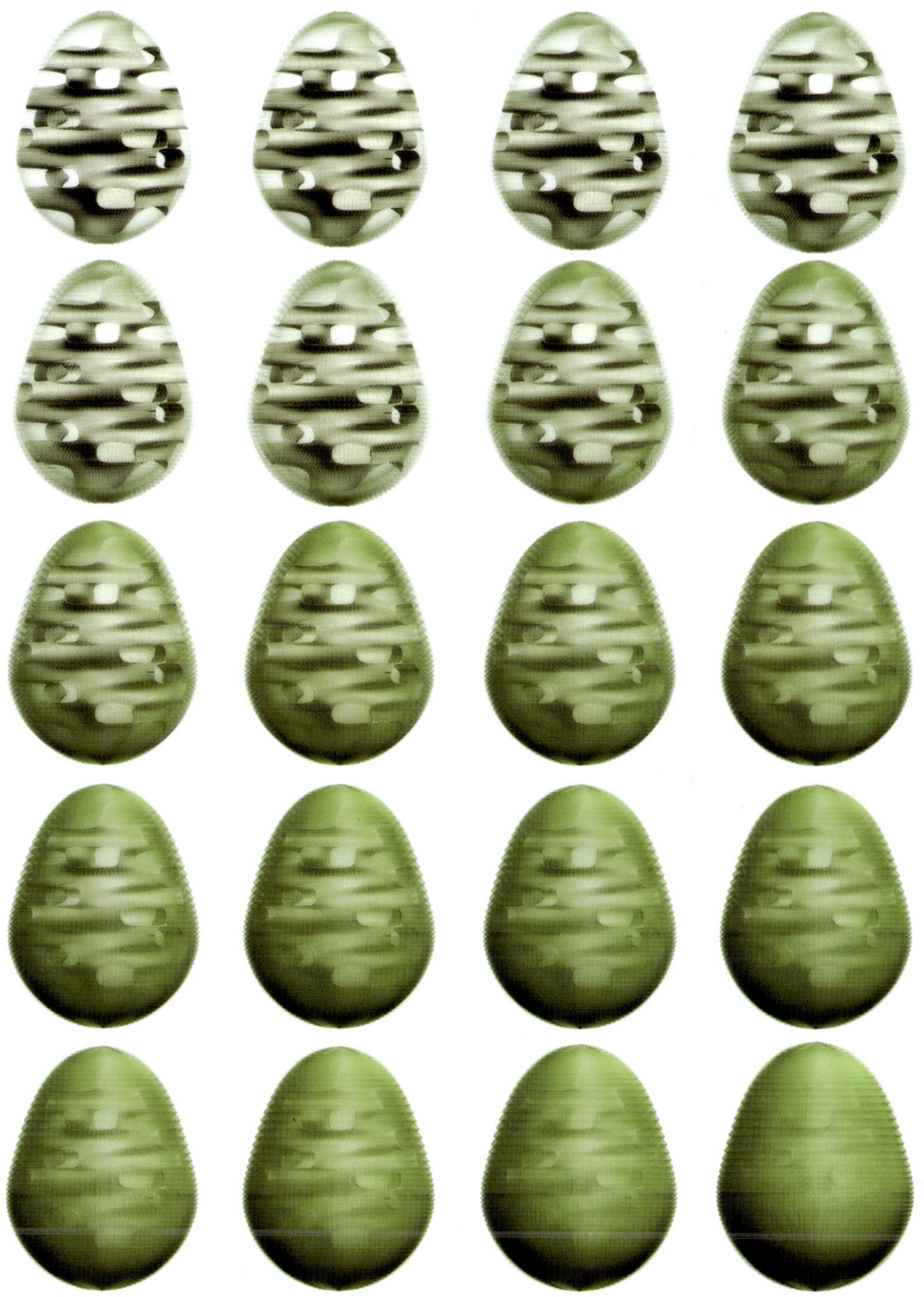

Sensuous Geographies / Dublin,Ireland,2005

12 感官地理

都柏林，2005年，爱尔兰

皇家运河线形公园的设计灵感来自于追求城市杂交以及以交通流和地理性为主体景观的地景艺术。从软性景观到硬性景观，从水平到倾斜，从植物性到矿物性不断变换，这些手段引发了以新的人造景观在城市核心区建立新的自然生态系统的潮流。

皇家运河线形公园项目位于都柏林港区北Lotts地区的中心、皇家大运河与利菲伊河的汇流处，总平面延伸了周界以更好地通过图景描述的方式阐释该地区历史景观的生成，而该景观则日益将都市当中的行人、自行车、汽车、火车以及船只等交通流重新联系起来。这一方案顺应《总平面2003年》以及《都柏林城市开发规划草案2005～2011年》，灵感则来自于追求城市杂交及以交通流和地理性为主体景观的地景艺术。

总图提出了一种按时间顺序分区的空间设计。这些被称为“感官地理”的序列造成了拓扑上的改变，形成了六个主题性景观：皇家大运河、生态屋、游乐景观、果园、潟湖以及住宅区。这六种景观将会通过融入新的内在联系网络来重新连接起邻里居住区。

项目中的拓扑变化有两类：“软性景观”或者说“软性造景”是一种地面造景（地面、水面、植被和室外活动）的变体，它们主要来自于园艺、生态农业以及水产业；而“硬性景观”或“硬性造景”是通过融入那些能够开发住宅、贸易设施以及都市娱乐设施的新建筑性手段，达到对于地面的形态学修改。因此，“感官地理”从软性到硬性，从水平到倾斜，从植物性到矿物性不断变换，所有这些手段从整体上引发了以新的人造景观在城市核心区建立新的自然生态系统的潮流。

按照场地的尺寸和项目操作程序，总体规划被划分为五个相互连续的阶段，与“感官地理”2005～2025的二十年发展区间相对应。

2007阶段：皇家运河以及生态住宅

皇家运河是一条长达146公里的静水运河，它从都柏林市斯宾塞港口延伸到香侬河（Shannon）的里士满港。它在19世纪中叶被一条铁路取代，但现在从都柏林的斯潘塞港（Spencer）到米德兰的米灵阁港（Millingar）仍然可以航行。

斯潘塞港是皇家运河的入海港，它在19世纪后期的火车全盛时期被用作航海船只向火车转移货物的装卸港口。项目用地位于利菲伊河与北河滨路，覆盖了近1公里的路程。

皇家运河是总体规划中的主要线路，与其相连的新加连接点将会重新为四周环绕的都市网络添加新的地理特性。运河历史河道的宽度和曲度经过重新设计以满足航运的功能需要。为行人和自行车使用者提供的木制步道平行于新的弯曲河道设置。种植方案则通过长线形的延伸来纯化城市面貌，同时清晰地表明该线型区域的可达性。此外，植被屏障令西侧Sheriff大街北部居民的私密性得到了保证。东岸上的垂直灯具和西岸的置地灯具创造了一种安全的环境，同时营造出具有吸引力的夜景。

正如东墙地区实施方案一样，方案定位于体现现有的联结性，创造出新的行人道路来加强东墙地区的通行性。措施是在教堂路南端穿越铁道线的步行桥，在斯潘塞港上方添加两条附加的道路，一条位于Mayor大街轴线下方通向游乐景观，另一条则沿Oriel大街轴线的下方通向五大潟湖。

皇家运河区将会成为散步、慢跑、垂钓、乘船游览、滑旱冰、自行车骑行等休闲活动的场所，同时也是儿童的游乐场所。

在位于北滨河路、跨越运河的都柏林快速铁道的主桥之间的三角形区域当中，方案植入了生态住宅。

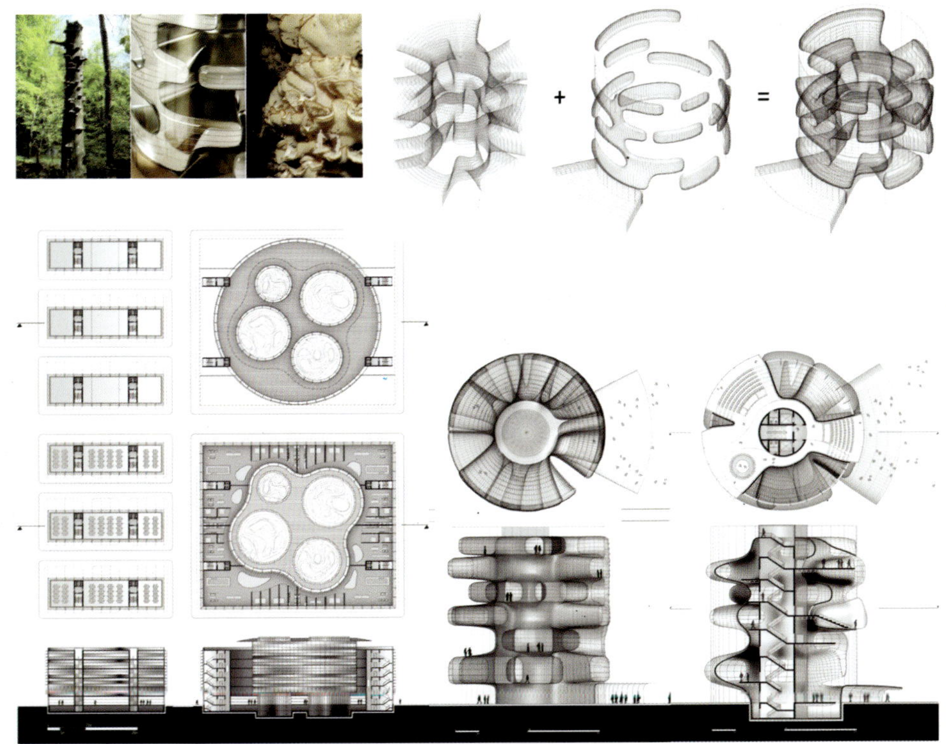

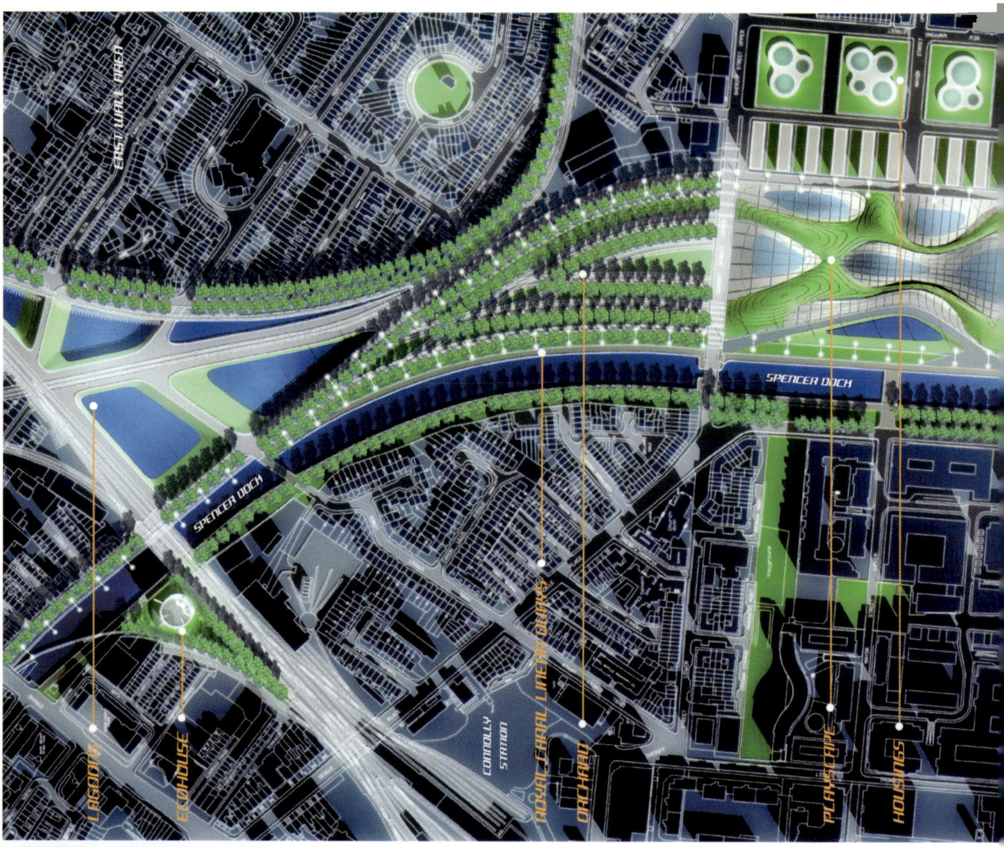

EAST WALL AREA
SPENCER DOCK
SPENCER DOCK
LAGOONS
ECOHOUSE
CONNOLLY STATION
ROYAL CANAL LINEAR QUAYS
ORCHARD
PLAYSCAPE
HOUSINGS

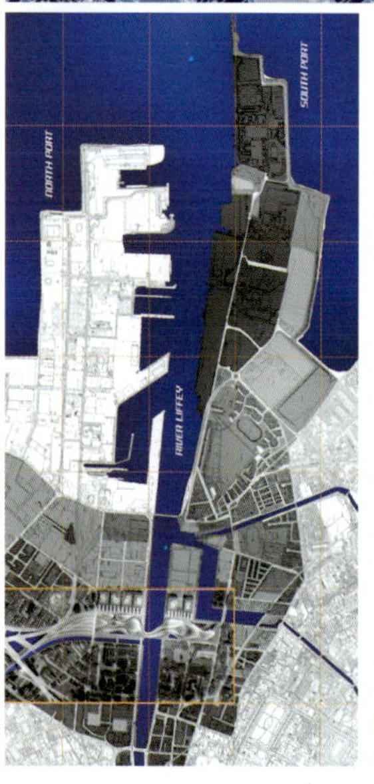
NORTH PORT
SOUTH PORT
RIVER LIFFEY

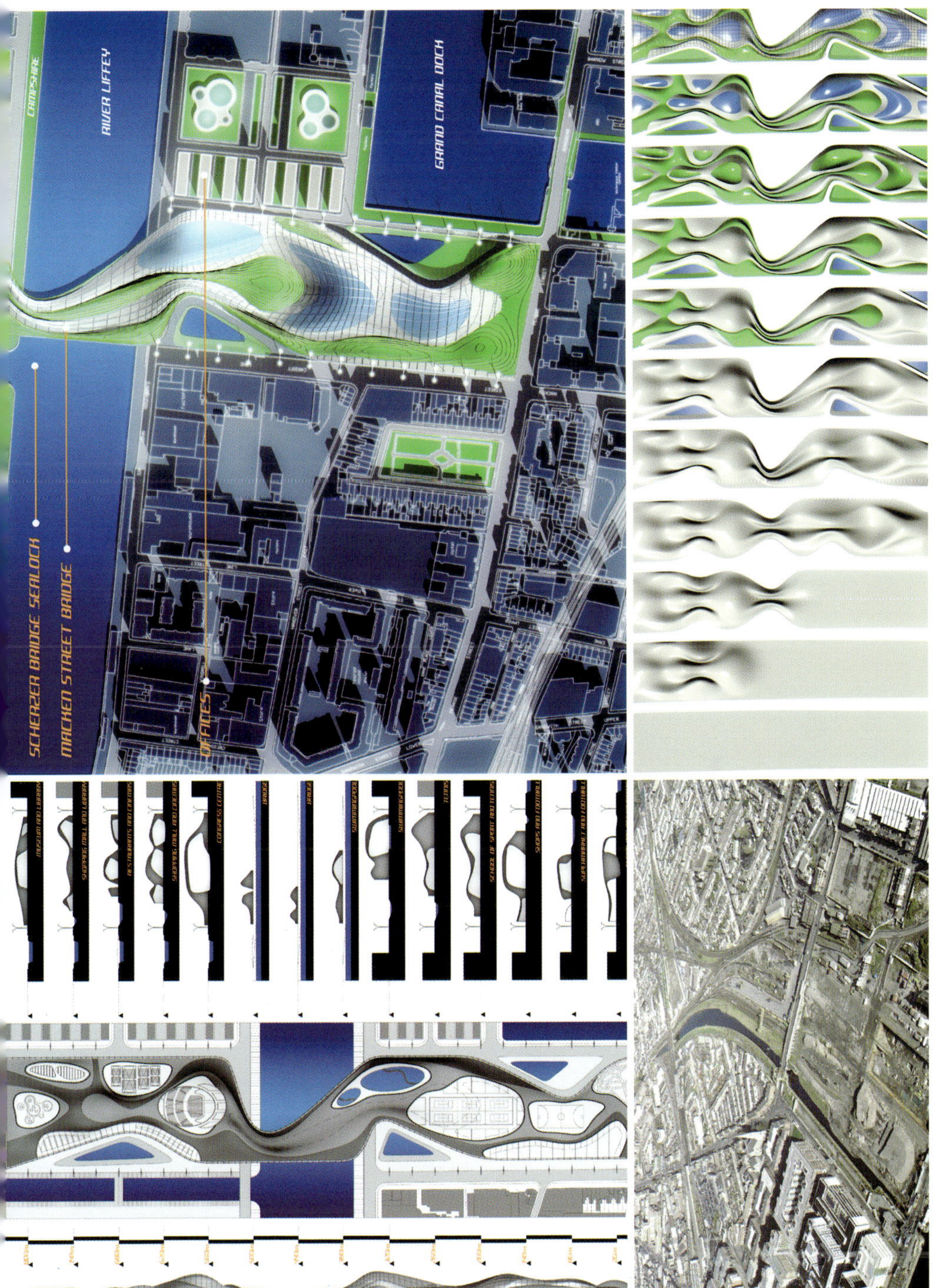
CAMPSHIRE
RIVER LIFFEY
GRAND CANAL DOCK
SCHERZER BRIDGE SEALOCK
MACKEN STREET BRIDGE
OFFICES

像一个在玻璃柱体当中生长起来的树木的有机形态一样，生态住宅是未来都柏林城市生态系统研究、展示以及信息交换的中心。高达32米的竖直观景楼，作为皇家运河沿线的最高点，为公众提供了互动式的、有关当地动植物及历史的展览。此外，公众还能从位于顶层的餐厅和酒吧当中看到非同寻常的都柏林全景。

2010阶段：五大潟湖

斯潘塞港、Conolly火车站，以及东墙地区的居住区之间所存在的工业组团已经被五个潟湖所取代。这些潟湖形成了一种新的与皇家运河直接相关的“感官地理”。这是一种由动物群和水生植物群所构成的景观，其中每一个湖盆都作为一个生物净化站来过滤来自邻里区域的废水，整个路网也重新规划以将这个新的地理因素连接到现存街道上。

2015阶段：果园农场

为了实现地区的综合性，补充其不足，都市农业被重新引入，在五大潟湖与Sheriff大街之间的组团内植入一个果园。这个组团现在被CIE铁路货运枢纽占用。在绿色景观方面，果树的种植恰好凸现了枢纽的线条，而未被耕种的地面则可能成为牧场。

2020阶段：游乐景观

游乐景观作为一种新的都市渗透型景观，从Sheriff大街开始，经Pearse大街一直延伸到利菲伊河南岸的大运河港。这是一种通过迥然相异的步行方式提供大量社会文化活动的“感官地理”。游乐景观是一种形态学上由交叉折叠构成的多重表面，它提供了从硬性景观到软性景观之间变化的围合体、气候、周边环境、植被和声光条件。

阶段港口开发公司的场地是爱尔兰政府选定用来建造国家会议中心的三块场地之一。在利菲伊河的两岸，游乐景观的拓扑性结构迎来了一个以混合开发为基础的全新都市程序化过程。在Sheriff大街南端的皇家大运河东侧，“硬质”项目将这一新的国家会议中心以及一座公共图书馆、一座电影院综合体和一座

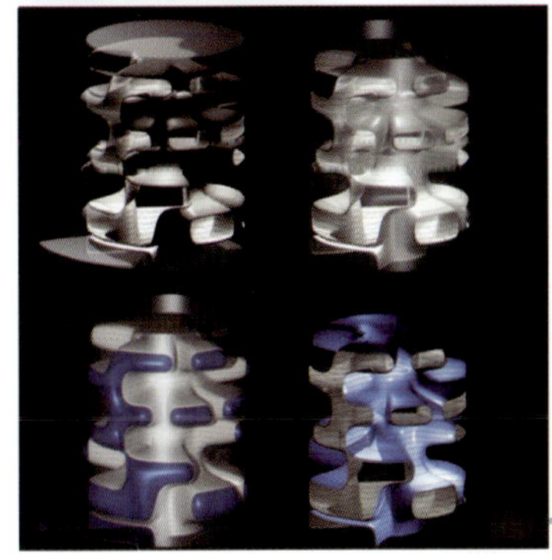

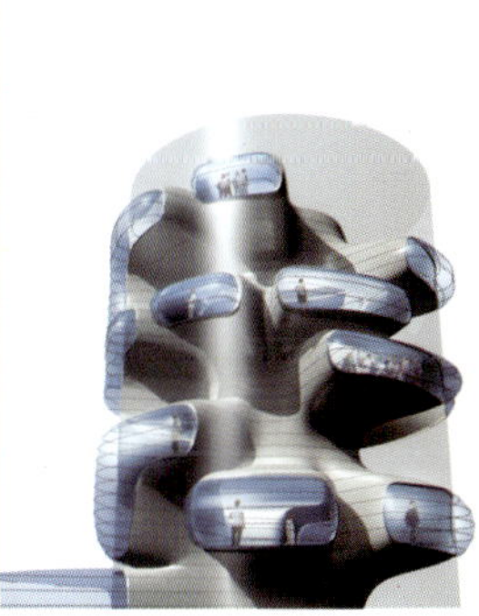

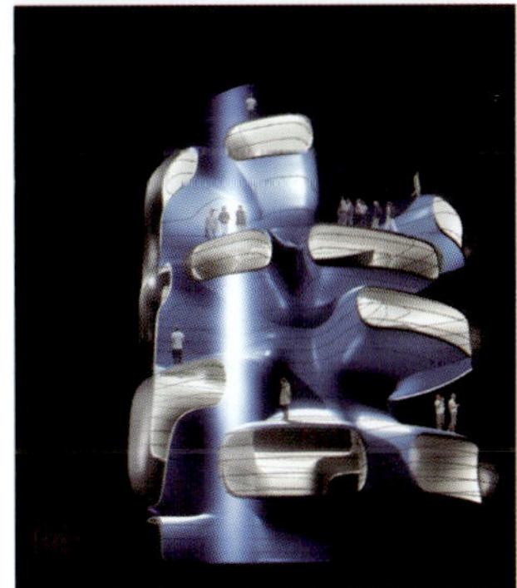

购物中心囊括在内。这个组团位于软性景观的下部，形成了由宽大的帆布覆盖的整体结构（木材与玻璃）。而在利菲伊河的另一边，游乐景观承担了体育和福利事业的功能。两岸通过这一人工建造的地貌的延伸所形成的可居住桥联系到一起，桥上设置有城市花园。方案的目标是加强港口与城市之间的联系。

2025阶段：住宅和办公室

在利菲伊河的两侧，规划提出了对完全脱开的现存都市网络进行高强度重建的计划。作为一个与大运河、办公大楼、购物中心和住宅相平行的休闲区，方案在休闲概念与游乐景观之间创造出了一条与Mayor大街相垂直的道路，实现了游乐景观从Sheriff大街到Hanover Quay的可到达性。在北边，这条道路随着果园以及五大潟湖一直延伸到皇家大运河。

作为一个城市更新项目，“感官地理”面临的是在建筑、都市生活及景观之间进行整合的挑战，它将皇家大运河及其邻里街区联系起来，并实现城市与社会的高度融合，是一个将皇家大运河、利菲伊河以及港口的景观进行积极更新的方案。

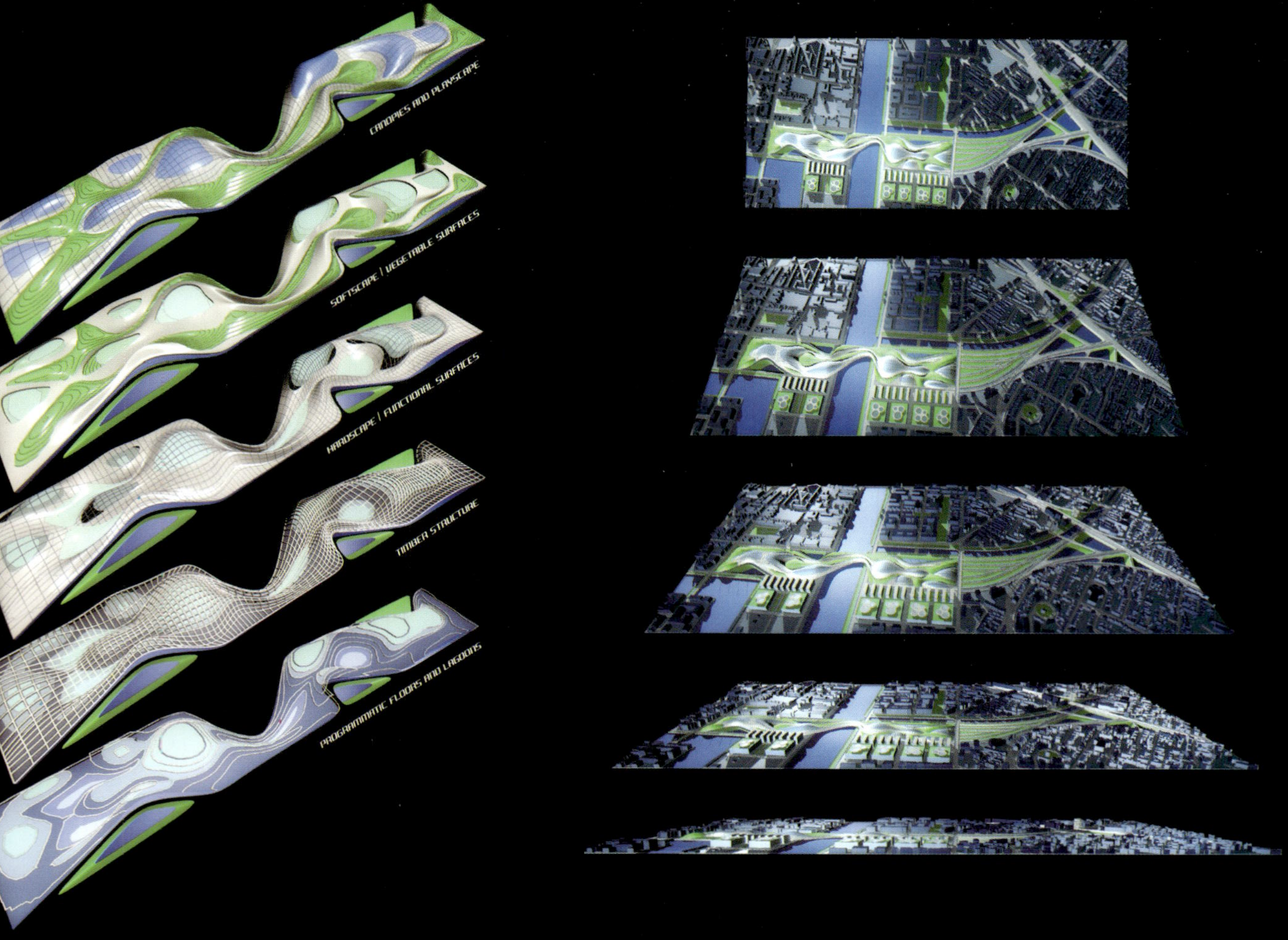

CANOPIES AND PLAYSCAPE
SOFTSCAPE | VEGETABLE SURFACES
HARDSCAPE | FUNCTIONAL SURFACES
TIMBER STRUCTURE
PROGRAMMATIC FLOORS AND LAGOONS

Light Rail Transit's 8 Lighthouses / Port Louis,Mauritius,2004

13 轻轨线上的八个灯塔

路易斯港，2004年，毛里求斯

这个轻轨交通规划方案提供了一种可供替换的轻轨布局，采用一种植物状的环形来围合城市并作为其后续发展的支撑。作为一种将行人区域内的文化休闲活动活化的催化剂，它将通过制造高品质的生活环境使这个城镇恢复其原有的生动特性。

路易斯港因其高密度混合的少数种族和大大小小的商业建筑而特色分明。被环绕在印度洋和Colline Monneron之间，它的能量来自于差异和交融。

这个项目被称为“轻轨线上的八个灯塔”。它提出了一种能够在世界范围内代表路易斯港的由独特元素联合的形态。实际上，它采用了一种植物状的环形来围合城市并作为其后续发展的支撑提供了一种可供替换的轻轨布局。这个布局在山脚下的空中制造了一个巨大的圆，两条主要的道路则设置于南端（维多利亚火车站和巴拉克线）和北端（北站）。

为了适应长期发展的需要及充分利用公共交通系统，方案以单一而不是选择性的路线贯通整个地区南北。为了达到这个目的，在方案中建立了七个轻轨换乘站，每一个都设置在路易斯港的策略性区域。

在这些换乘站的底端，八个类似于灯塔的塔楼将公共和私有区域合在一起，并与城市的外围区域分开。这种强烈的识别性提高了首都作为投资对象空间的形象，并在尊重旧城文化的前提下将之与公共交通流联系在一起。

场地的分散性、将它们组织在一起的难度、对土地和房租的高投入、环境和生活质量的不断下降等，都鼓励建筑师通过这一方案提供一种潜在的更高密度的增长。

为了达到这个目的，每个轻轨换乘站的塔楼都被赋予了密集而多样的活动。塔楼混杂了换乘汽车停车场、都市住宅、商店、办公室等功能，使整个城镇在群山环绕范围内的密度变大，而它们自身则宛如马蹄铁一样被插入环境中。在一个尝试保证其经济活力和发展能力的市镇，这八个灯塔提供了巨大的新停车设施，同时也是创新的象征。

这些轻轨车站从现场看是城市的、功能的或视觉标志性的明确而突出的神经中心，同时还与其他能看到它们的城市交通节点取得联系。

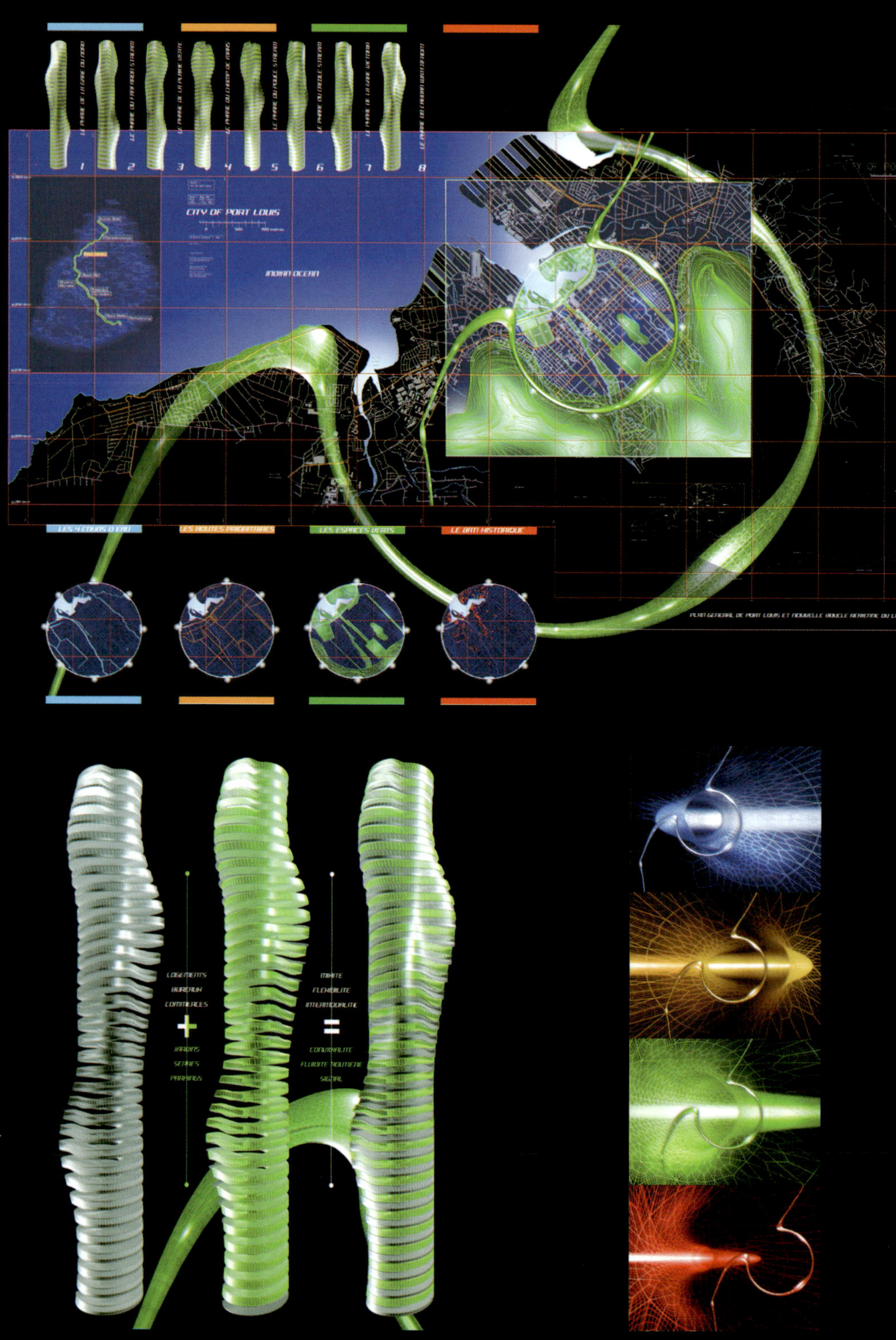

1
2
3
4
5
6
7
8
CITY OF PORT LOUIS
INDIAN OCEAN
LES 4 COURS D EAU
LES ROUTES PRIORITAIRES
LES ESPACES VERTS
LE BATI HISTORIQUE
PLAN GENERAL DE PORT LOUIS ET NOUVELLE BOUCLE AERIENNE DU LIGHT RAIL
LOGEMENTS
BUREAUX
COMMERCES
+
JARDINS
SERRES
PARKINGS
MIXITE
FLEXIBILITE
INTERMODALITE
=
CONVIVIALITE
FLUIDITE ROUTIERE
SIGNAL

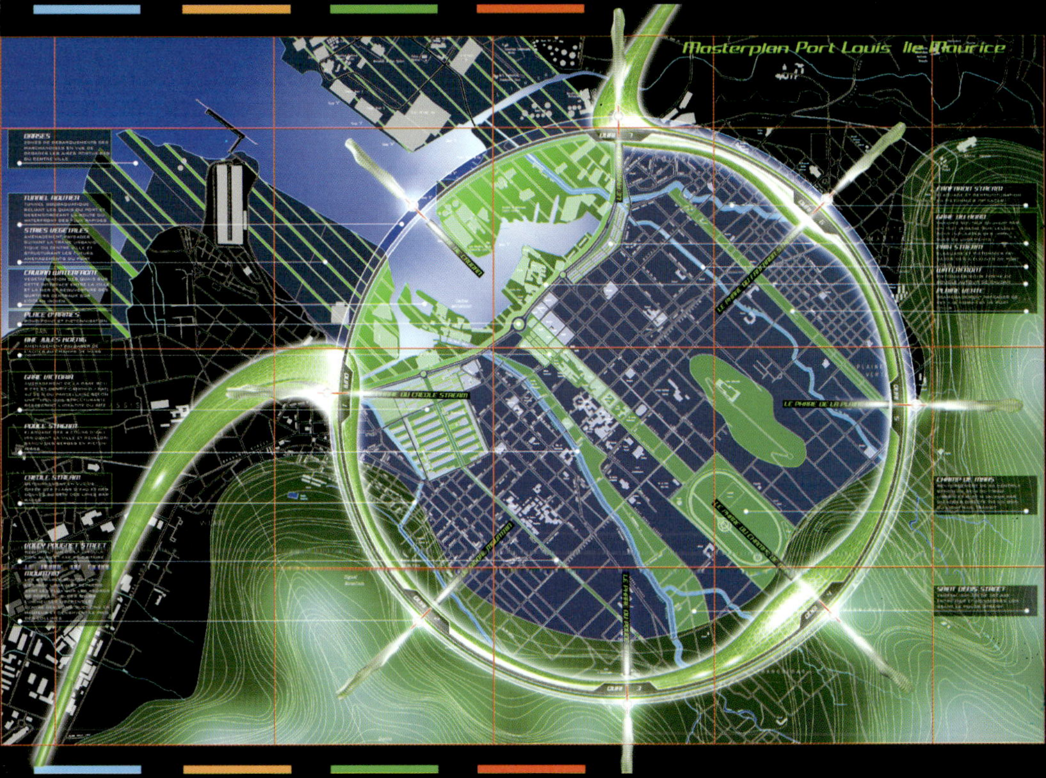

Masterplan Port Louis Ile Maurice

DARSES

TUNNEL ROUTIER

STRIES VEGETALES

CAUDAN WATERFRONT

PLACE D'ARMES

RUE JULES KOENIG

GARE VICTORIA

POULE STREAM

CREOLE STREAM

LE PHARE DU CREOLE STREAM

LE PHARE DE LA PLAINE

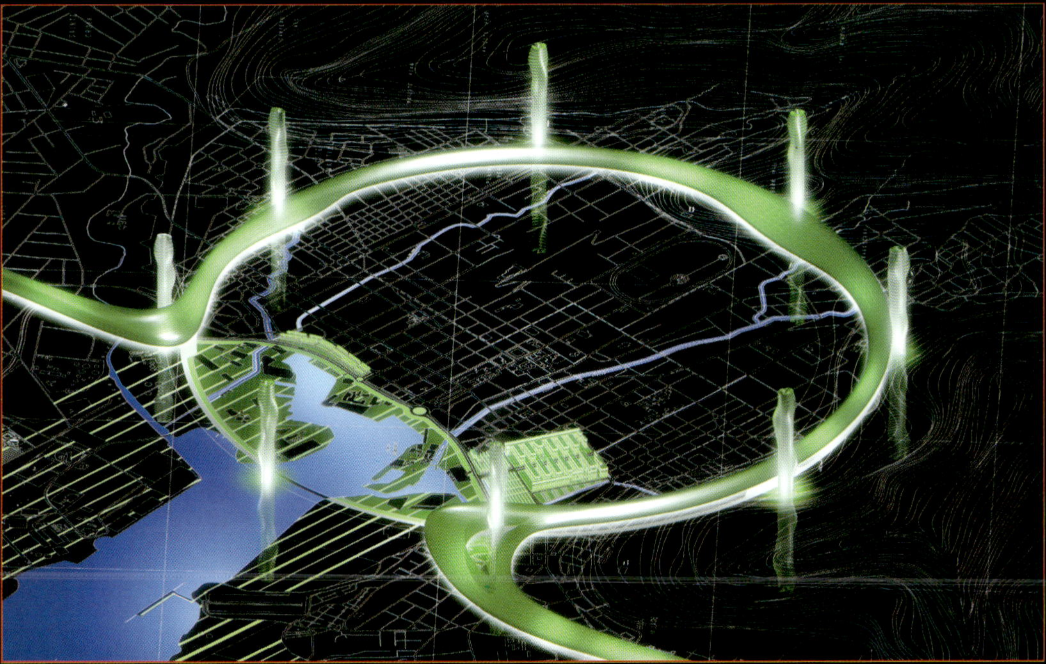

CHAMP DE MARS

SAINT DENIS STREET

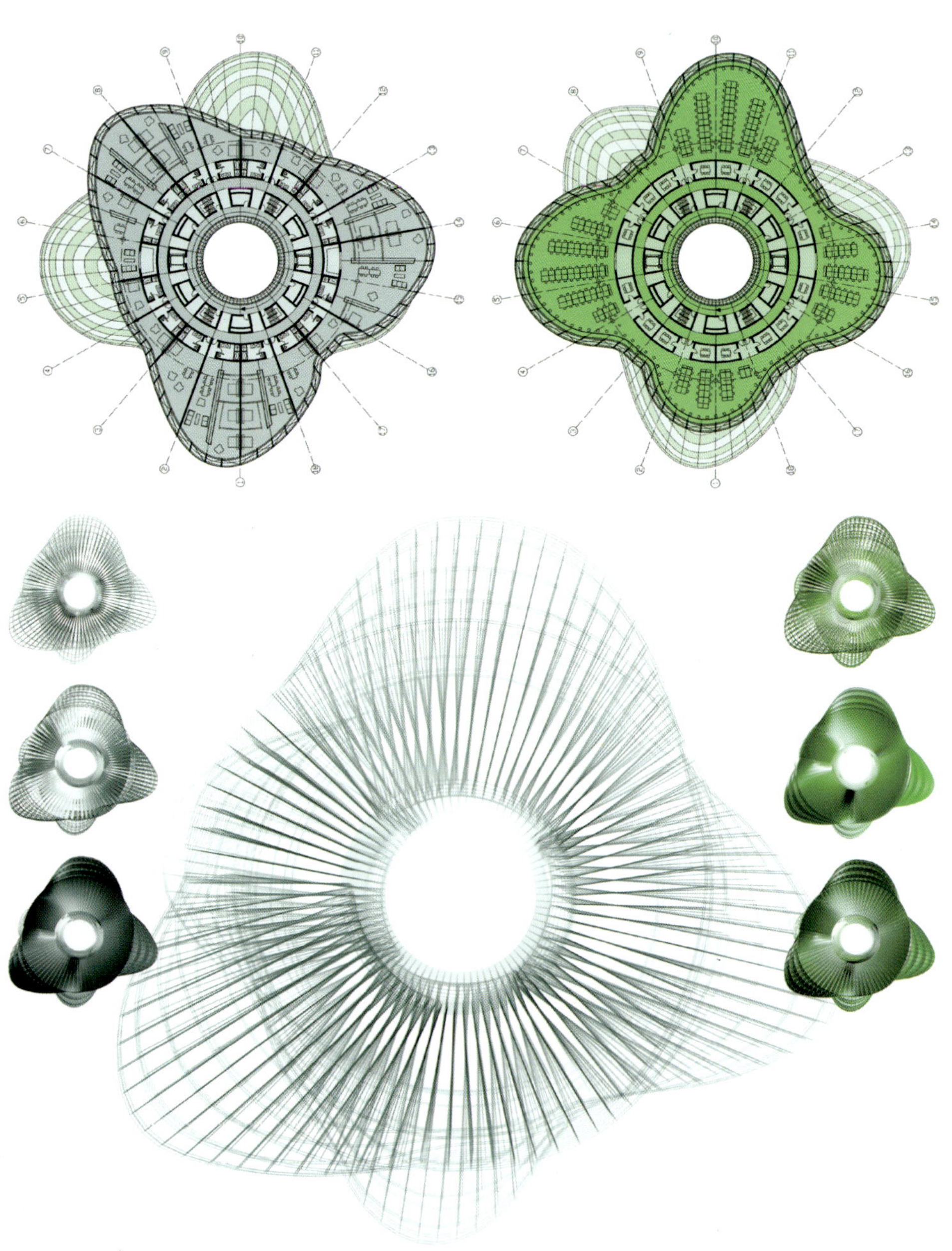

方案看起来就像路易斯港将自己的臂膀伸展到海面上。事实上，应当感谢这种上升的建筑高度和（与蜿蜒的山相似的）市镇向滨水地区的开放。方案令取消商业中心并将其活动分散到轻轨沿线成为可能。

轻轨上的八个灯塔将长期扩张的可能性赋予路易斯港，从而使得路易斯港可以重新加强其作为毛里求斯社会经济中心的重要角色。有了轻轨环线，交通堵塞将会被解决，道路交通将会更好地发展到整个区域。但是无论如何，这个方案是一种将行人区域内的文化休闲活动活化的催化剂。它将通过制造高品质的生活使这个城镇拥有其原有的生动特性。

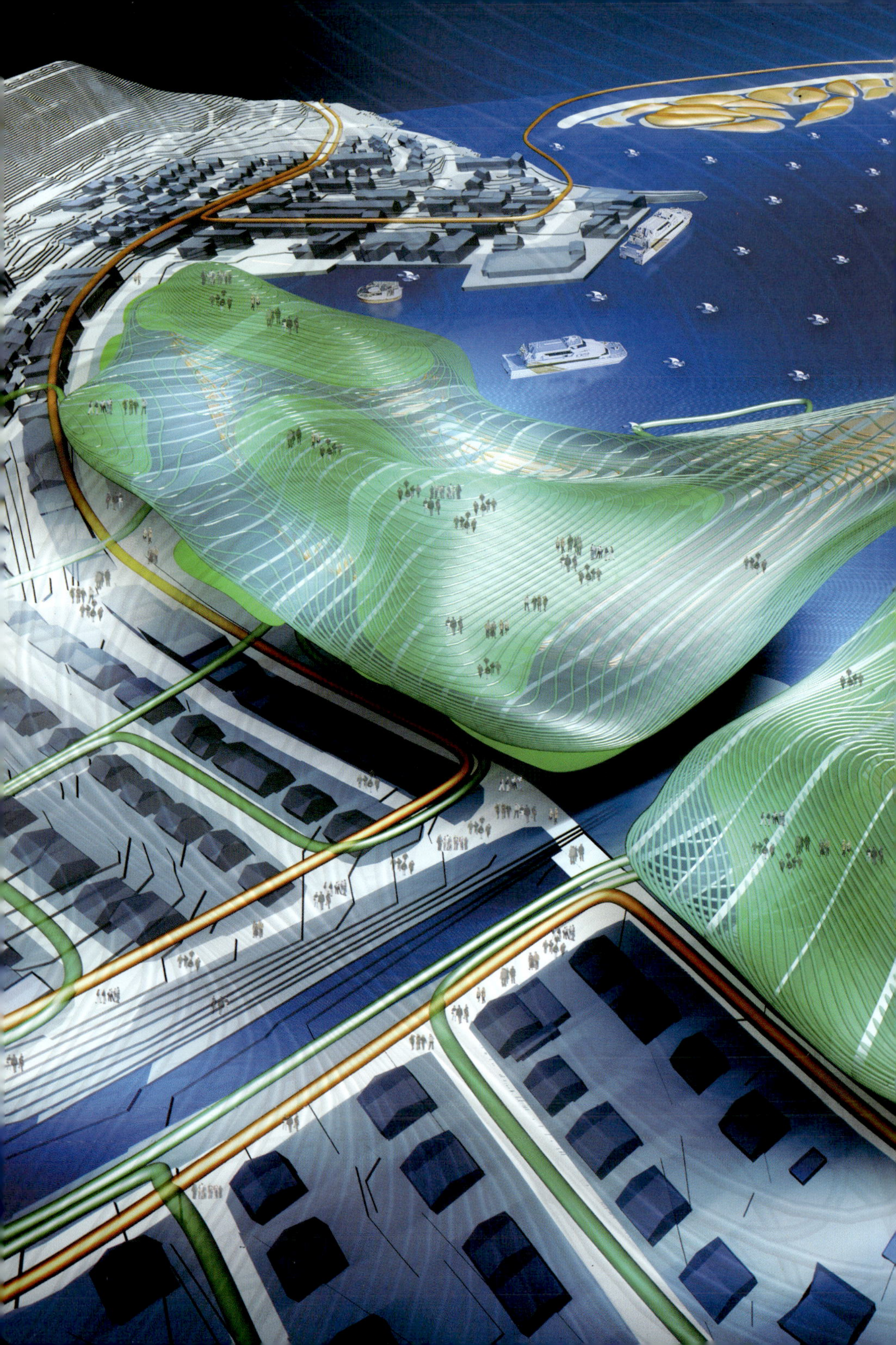

Floating Islands / Hammerfest,Norway,2004

14 浮岛

哈默菲斯特，2004年，挪威

为了在市镇与海之间建立一个具有活力的联系，方案运用创新型生态概念，将16个漂浮的岛屿以及坐落其上的项目内容都围护在一个巨大的生态气候防护罩当中，目标是通过建造地理特质开发出一种新的场地意象、一个拱形的地景作品。

Findus地区正处在变化过程中。岛屿漂浮在Croisette海滨大道旁的新人工海湾上，成了一个景观改造项目。方案的目标是通过建造地理特质开发出一种新的场地意象、一个拱形的地景作品。

为了在市镇与海之间建立一个具有活力的联系，16个漂浮的岛屿，包括北极文化中心以及许多其他的项目（例如荒地、水疗中心、市政厅、酒店、停车场、交易市场以及水上娱乐中心），都被围护在一个巨大的生态气候培养皿当中，从哈默菲斯特以东到Barent地区的其他城市。

新的码头是建筑物升起的屋顶部分，作为一个超凡的巡航港口景观，成为海洋、山脉以及哈默菲斯特镇的交界点。“Croisette”是滨海大道靠近海湾的延伸，通过阻挡波浪来保护滨水区域。

在海湾的中央，一个潜水艇推进器以新能源技术将洋流转便为电力。哈默菲斯特作为挪威和欧洲最北端的市镇，将会成为新技术与景观之间相互调和的范例。

都市培养箱

都市培养箱是一个生物气候建筑当中的创新型生态概念，它的放射状构造和结构是根据主要街道的轴线确定的。这种公共领域是真正将哈默菲斯特镇与海岸连接起来的脊椎关节。都市培养器的屋顶是一个类似于新的植物性和矿物性景观的地方，抬升的景观成为了保护市镇免受波浪、风和噪声污染侵害的巡航码头。在这个不同一般的山海之间的地带，一个神奇而独特的地方，巡航船只每年将18000名乘客送上岸，而其内部，一个巨大的由光合作用细胞构成的机构则为冬天阳光下的漂浮岛屿的开放公共空间提供着热量。

Croisette：滨海大道

这是一条安全的、令人愉快的、连续的步行大道，一条将山脉、市镇与大海三者联系起来的海滩大道。Croisette延伸向海岸，并在靠近海湾的地方将这里与市镇中心所有的功能联系起来。它是保护市中心不受风浪、坏天气侵害的障碍物，同时也减轻了海的边缘压力。

16座浮岛

这些岛屿是宛如船只的外壳一样的漂浮建筑物。它们喻示海洋表面巨大的水滴，表达了一种市镇规划的新的诗意，同时也表达一种旅行和流动性的邀请意味。它们包含了许多与北极文化中心生活相关的功能，诸如文化学校、地区乐团以及地区舞蹈舞台这些附加的功能都被集中组织在礼堂的周围，以提供最大的功能性。

潜水艇推进器区

这一概念对技术、能量经济、低能耗建筑以及在能量方面能够自给自足的都市区域进行探索。潜水艇推进器区是一种为潜水艇所在深度的水下区域设计的新型景观，能够将该市镇在“能源多元化城市”中所获取的多种多样的能量来源联系起来。

通过天然气以及压缩天然气，方案采用一种新的技术将潜水区的水流能量，通过位于海底的潜水艇推进器转化为电力能量。这种自然电力能量能够在供给16个漂浮的岛屿时被重复使用，还能够被都市培养器使用，而且不增加碳排放。

这是一个带有强烈的可识别性，并准备在世界范围内证实哈默菲斯特镇在Barent地区的文化和旅游角色的项目。

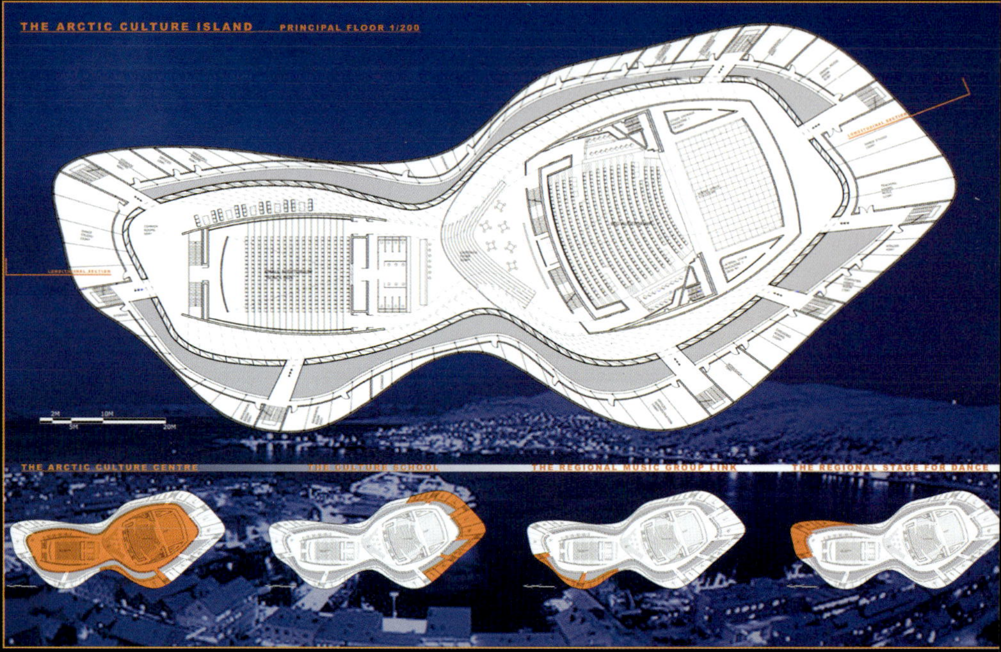

THE ARCTIC CULTURE ISLAND PRINCIPAL FLOOR 1/200

2M 10M 5M 20M

THE ARCTIC CULTURE CENTRE

THE CULTURE SCHOOL

THE REGIONAL MUSIC GROUP LINK

THE REGIONAL STAGE FOR DANCE

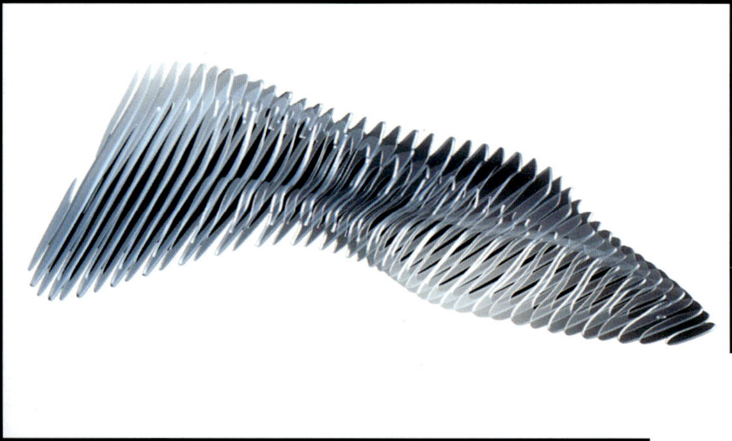

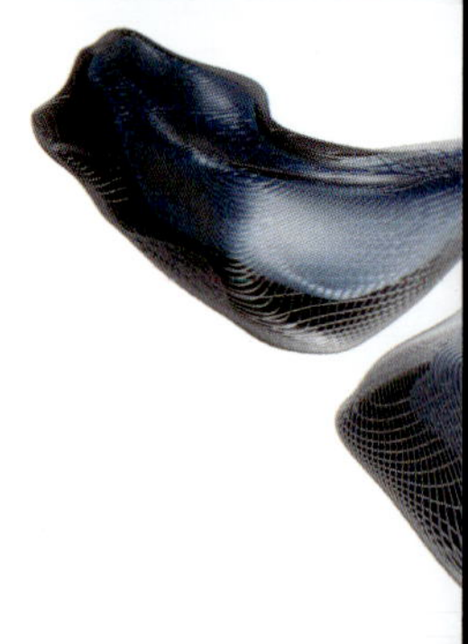

THE FINDUS SITE LONGITUDINAL SECTION 1/500 MODEL OF THE URBAN INCUBATOR
2M
5M
10M
20M

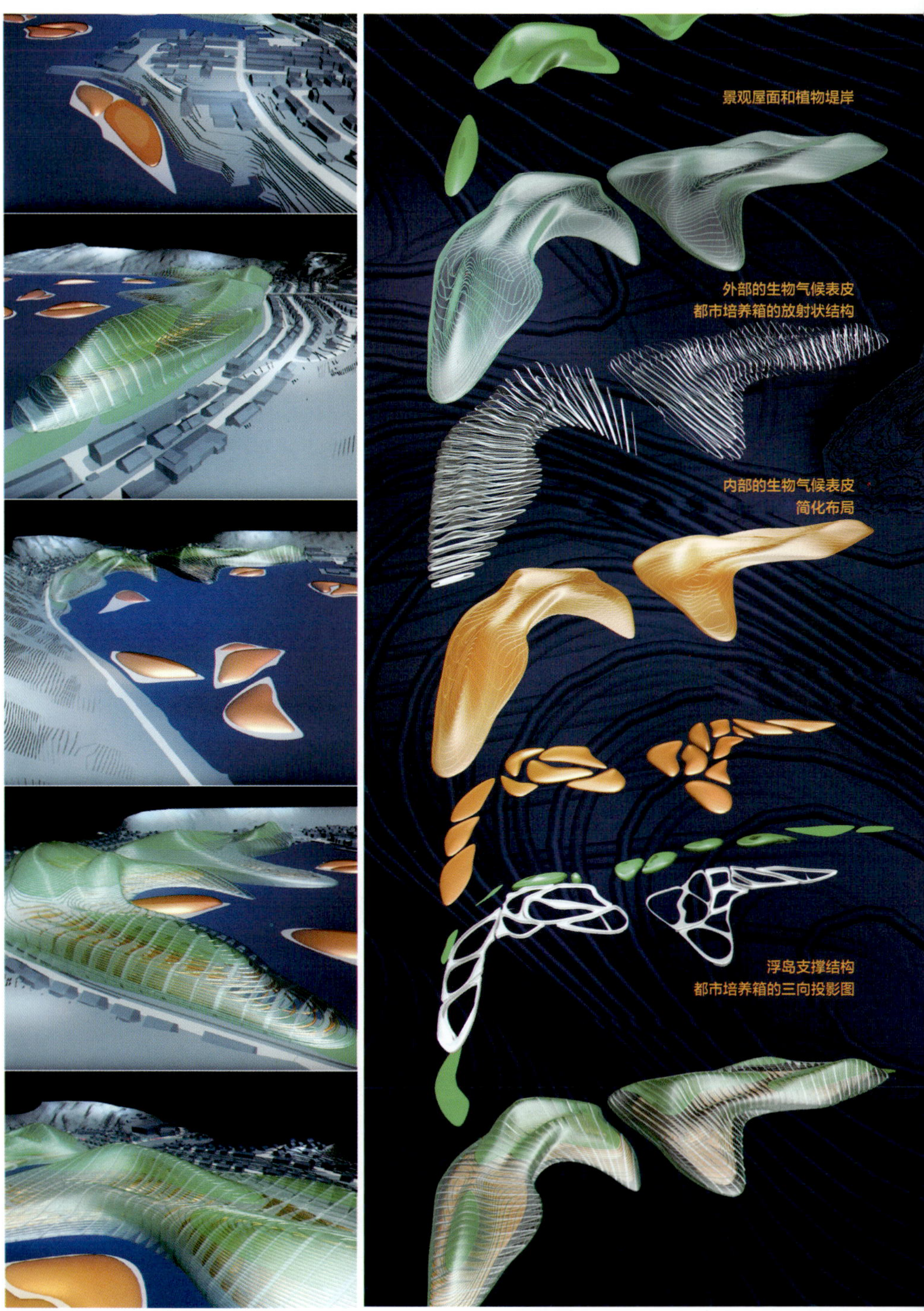
景观屋面和植物堤岸
外部的生物气候表皮
都市培养箱的放射状结构
内部的生物气候表皮
简化布局
浮岛支撑结构
都市培养箱的三向投影图

Urban Corset, An Hybrid Intermediary / Brussels,Belgium,2004

15 都市紧身衣，一种混杂的介质

布鲁塞尔，2004年，比利时

处在高密度城市环境中，布鲁塞尔当代艺术中心项目提出以新的具体发展规划为基础来建造介质性的空间，并根据城市水平向和垂直向的分层来对其进行检查和校正，以提高城市密度并将文明所产生的介质空间混合到一起。

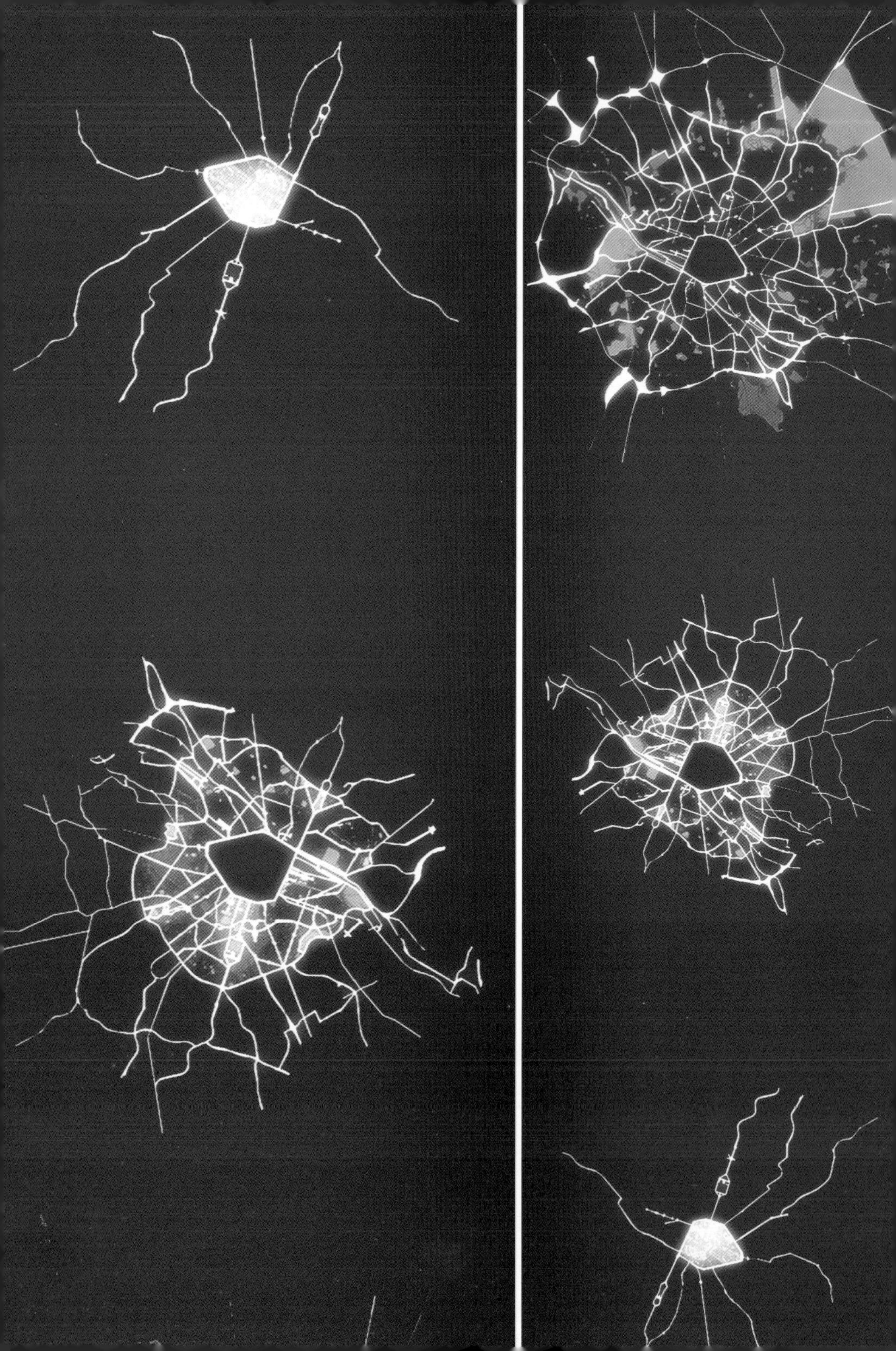

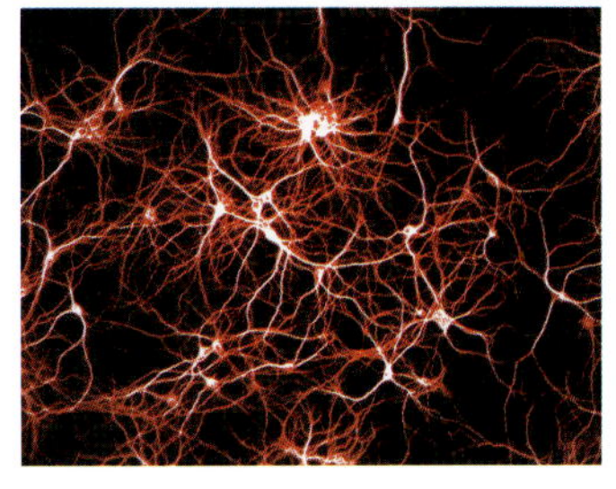

布鲁塞尔是一个平凡与意外、美丽与废弃并存的城市，任何其他欧洲城市都没能产生这样的对比。布鲁塞尔奇异的诉求可能来自于这种奇怪的混合。在城市中，那慕尔港（Namur）的都市规划以一种实验性游乐场的姿态坐落在布鲁塞尔内城环路的旁边，这里曾经是中世纪防御工事的旧址。这是一条通过性的、离奇的偏心距道路，一条被汽车、有轨电车、地铁和行人所使用的坡道。任何能够建设的空间都被建设了。“Petite Ceinture”大道、内环路都在逐渐生长为“介质化”的景观。城市必须忘记它的边界，并不断向游牧性都市的范例学习。“都市紧身衣”项目提出以新的具体发展规划为基础来建造介质性的空间，并根据城市水平向和垂直向的分层来对其进行检查和校正。

项目的四个意图：

1. 通过组织各种流线来释放地面层：连接路易斯和Trone隧道形成单条隧道，道路交通将从地下平行于Simonis－Clémenceau地铁线的地方通过那慕尔港，设置充足的环形通道。当地居民将尽量少地使用次级道路出行，而外围将会建立停车场来减轻城市中心的拥塞。

2. 混合社区：扩充原有的Bastion广场和Chausséed’Ixelles广场成为大型的开放式广场，一个新的集会和相互交流的空间会将该地区内的很多社区联系在一起，同时重新组织它们对空间的使用，鼓励相互交流。

3. 扩大已建成地区，并提高密度：那慕尔港是一个工作、购物以及休闲的区域，同时还是一个中转的区域。新的标准及可变的居住空间将被引入道路交叉的空隙，连接Toisond’Or的隧道墙后的空间以及现有建筑的屋顶，以保证平衡的愉悦性。另一个格状结构建筑等比放大，并通过内在小岛的支撑而放置在城市的屋顶上，并且这些屋顶成为其重要的地面，因而天际线将会成为它的基底线，植物则会占据上面的空间。

4. 将不同层次和网络连接起来：布鲁塞尔城市土地利用规划将应允一种三维的都市化，城市将在水平和垂直两个方向上同时发展。城市从隧道到地铁再到建筑物顶端的连续层次将会通过

一个垂直循环网络联系起来。多种娱乐设施将会像极大的折纸手工艺一样发展起来，而且将被室内微气候的都市屋顶覆盖起来。这种由红色和金色以及无数的光合作用细胞构成的热屋顶将把其根部植入雕塑灯标的底部，并将太阳能转化为电能和热能。

就像一个将那慕尔港的居住网络紧紧抓在一起的紧身衣一样，这种自我供给的屋顶将不同的拓扑性产物用一种强有力的识别性，通过都市历史的暂时形变统一到一起。这是一种都市开发的真正原型，它以不同层级的休闲娱乐设施展开，其目的则是提高密度并将我们的文明所产生的介质空间混合到一起。这是一个巨大的挑战！

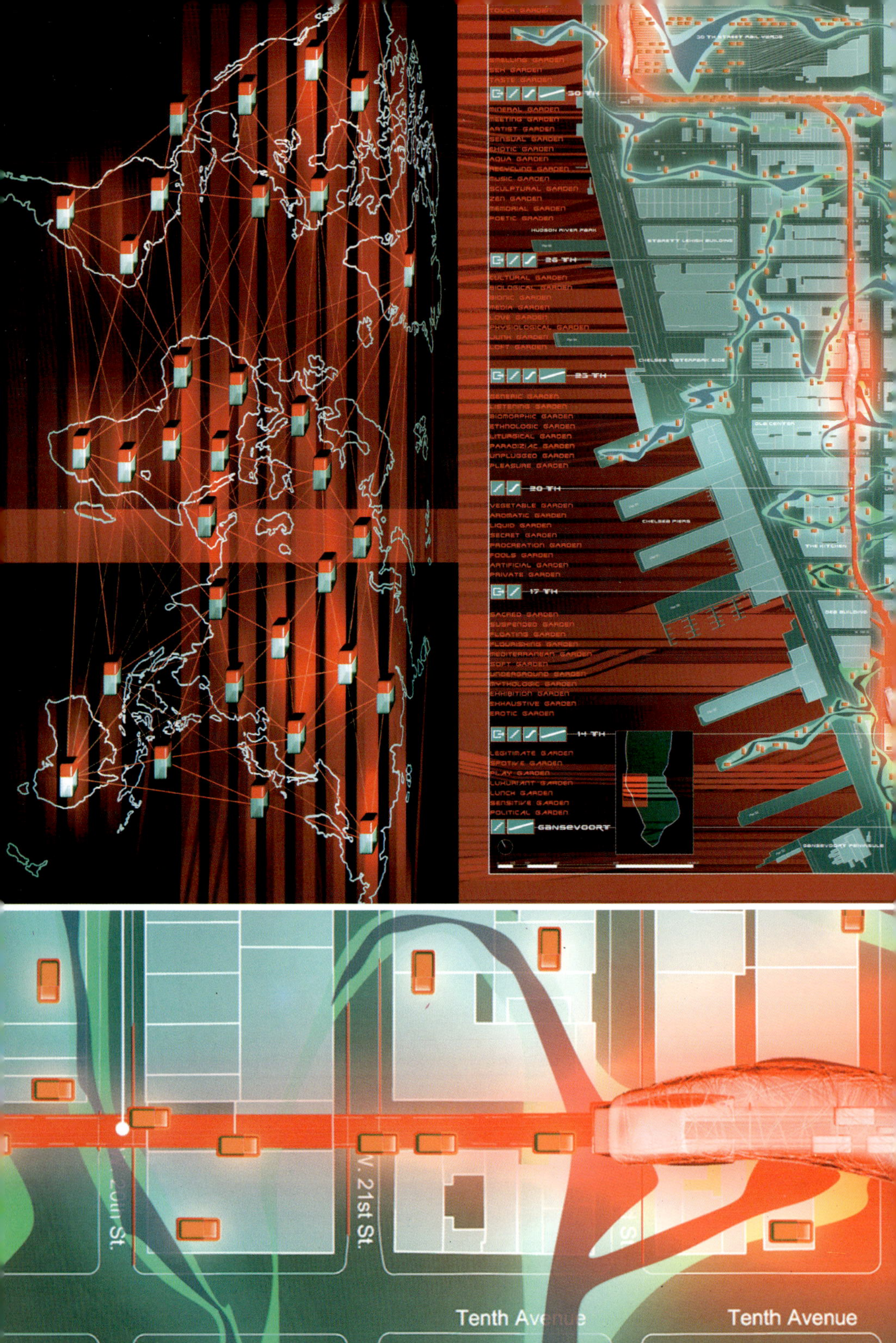
TOUCH GARDEN
SMELLING GARDEN
SEX GARDEN
TASTE GARDEN
30 TH
MINERAL GARDEN
MEETING GARDEN
ARTIST GARDEN
SENSUAL GARDEN
EXOTIC GARDEN
AQUA GARDEN
RECYCLING GARDEN
MUSIC GARDEN
SCULPTURAL GARDEN
ZEN GARDEN
MEMORIAL GARDEN
POETIC GRADEN
HUDSON RIVER PARK
26 TH
CULTURAL GARDEN
BIOLOGICAL GARDEN
BIONIC GARDEN
MEDIA GARDEN
LOVE GARDEN
PHYSIOLOGICAL GARDEN
JUNK GARDEN
LOFT GARDEN
23 TH
GENERIC GARDEN
LISTENING GARDEN
BIOMORPHIC GARDEN
ETHNOLOGIC GARDEN
LITURGICAL GARDEN
PARADIZIAC GARDEN
UNPLUGGED GARDEN
PLEASURE GARDEN
20 TH
VEGETABLE GARDEN
AROMATIC GARDEN
LIQUID GARDEN
SECRET GARDEN
PROCREATION GARDEN
FOOLS GARDEN
ARTIFICIAL GARDEN
PRIVATE GARDEN
17 TH
SACRED GARDEN
SUSPENDED GARDEN
FLOATING GARDEN
FLOURISHING GARDEN
MEDITERRANEAN GARDEN
SOFT GARDEN
UNDERGROUND GARDEN
MYTHOLOGIC GARDEN
EXHIBITION GARDEN
EXHAUSTIVE GARDEN
EROTIC GARDEN
14 TH
LEGITIMATE GARDEN
SPOTIVE GARDEN
PLAY GARDEN
LUXURIANT GARDEN
LUNCH GARDEN
SENSITIVE GARDEN
POLITICAL GARDEN
GANSEVOORT
CHELSEA PIERS
W. 21st St.
Tenth Avenue
Tenth Avenue

Nomadic Gardens In Manhattan / New York,U.S.A ,2003

16 曼哈顿游牧公园

纽约，2003年，美国

高线（high line）是一条在曼哈顿西侧、长1.5英里的高架横栏结构。本案给曼哈顿的原有道路网格插入一条巨大的植物性纽带，折角和曲线的对话增加了相互交换的景观的多样性。这种新建的景观将所有的公园和空闲的社区联系到了一起。

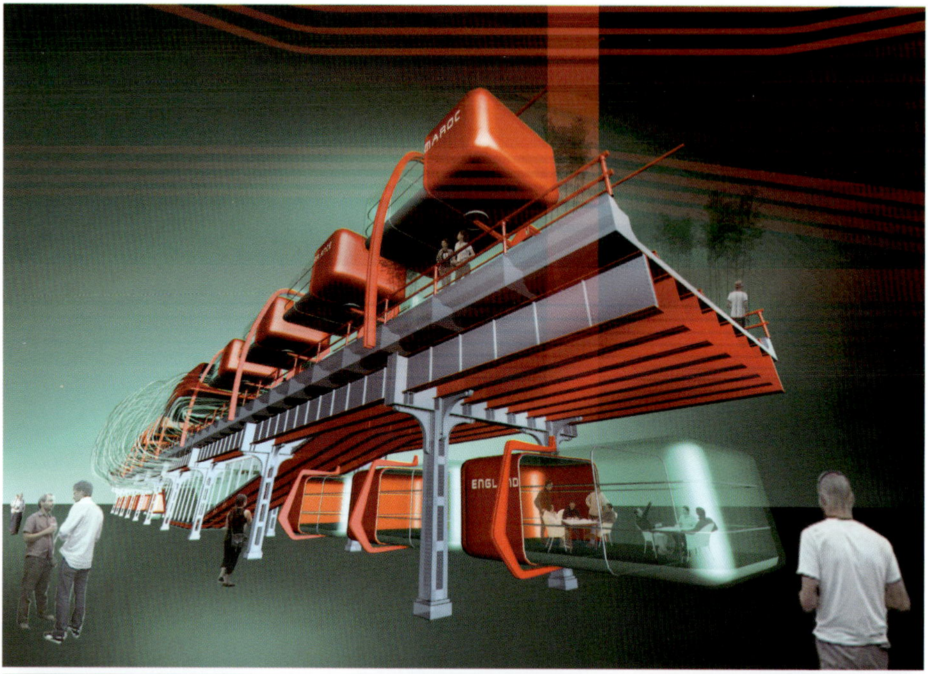

游牧公园是一个人文生态主义的政治性项目。高线作为一条跨越曼哈顿远端西侧的笛卡尔网格的红色缎带，变成了一种结构上的脊椎形柱廊。因公园在整合人类生活的复杂性方面具有无限潜力，它就使该地区变成了一种思想与行为的多重性空间。普遍化的混沌正需要文化和大都会物质的多样性。

在个人、社会以及都市层面的空间中，高线尝试混交来自不同地区植物物种。所有的概念都基于由高线的第一个使命所引出的行动的展开，并通过轨道的交换连接起来。每一个人都拥有属于自己的游牧公园。

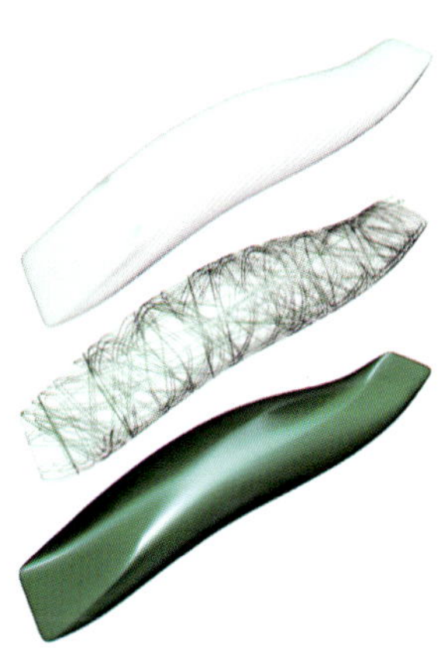

属于游牧者的公园悬浮在城市中，像寄生的太空舱一样移动。它们的立面、屋顶、隔墙和内表面上布满涂鸦，为每个可居住的空间创造出了扩展的空间。客观地看，它们是无处不在的。这是一种荒谬的混沌，就像群岛，一系列就像是大陆的碎片般的小岛屿集合。每一个太空舱都在技术层中囊括了岛的结构。热力塑性的聚碳酸酯包裹中包含了两种不同的元素：存在于真实的城市垃圾桶当中的红色悬浮管体，将生活垃圾回收并成为肥沃的养料来为城市的无生命部分带来生机；透明管是一种光合作用细胞覆盖下的变色表面，产生AC流并根据需要的私密度来改变透明度。

被高线穿过的行政区之间的缝隙看上去是被巨大的有机蛇形体所环绕，它时而是植物性的，时而是矿物性的，它是一种程序化的岩浆，不断地流动，具有活力。它给曼哈顿的原有道路网格插入了巨大的植物性纽带，折角和曲线的对话增加了相互交换的景观的多样性。这种新建的景观将所有的公园和空闲的社区联系到了一起。这是一种令人难以置信的土地区块铸造，在其褶皱之下接受了能够鼓动游牧的都市性的新程序。

BELGIUM
JAPAN
SPAIN

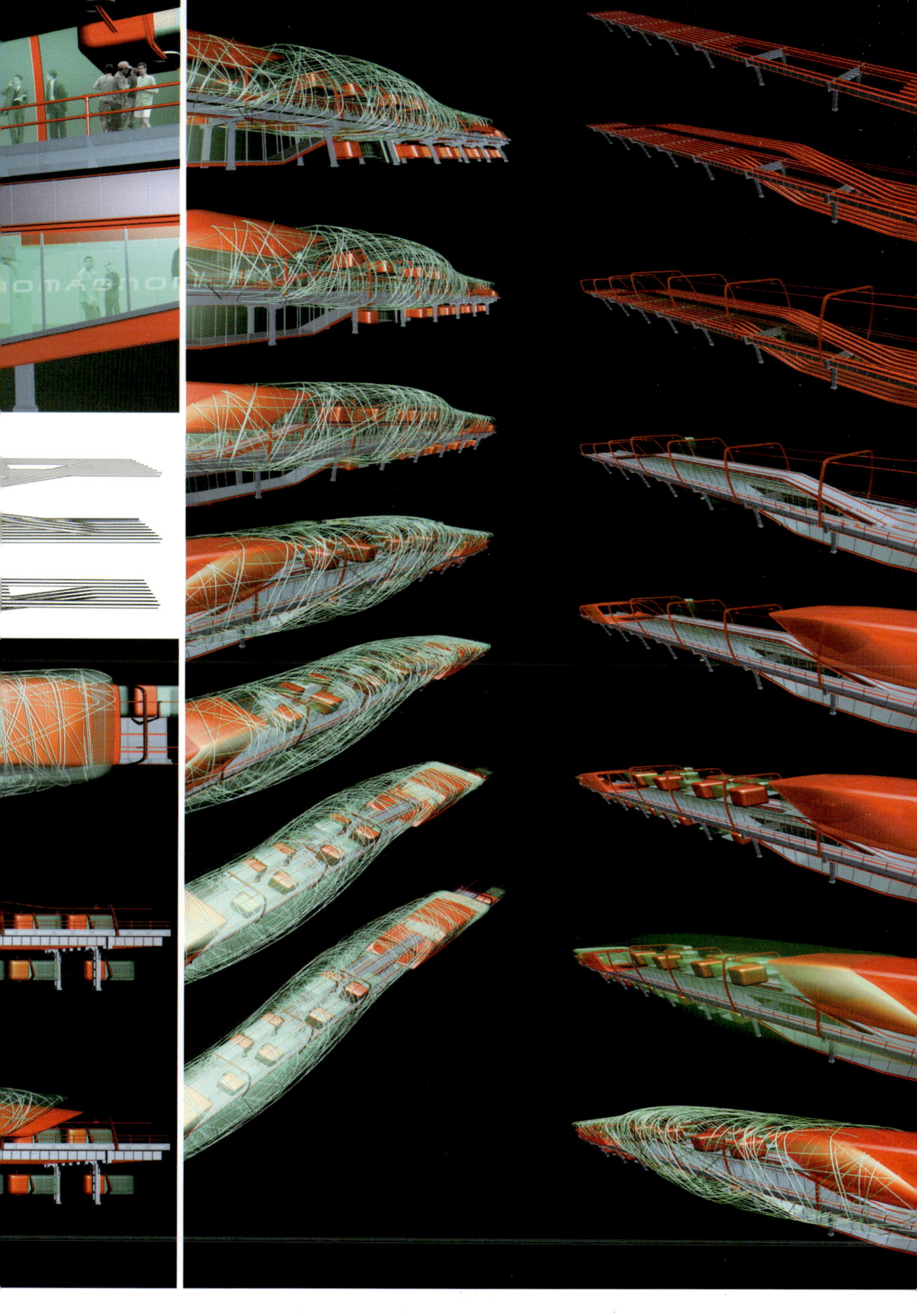

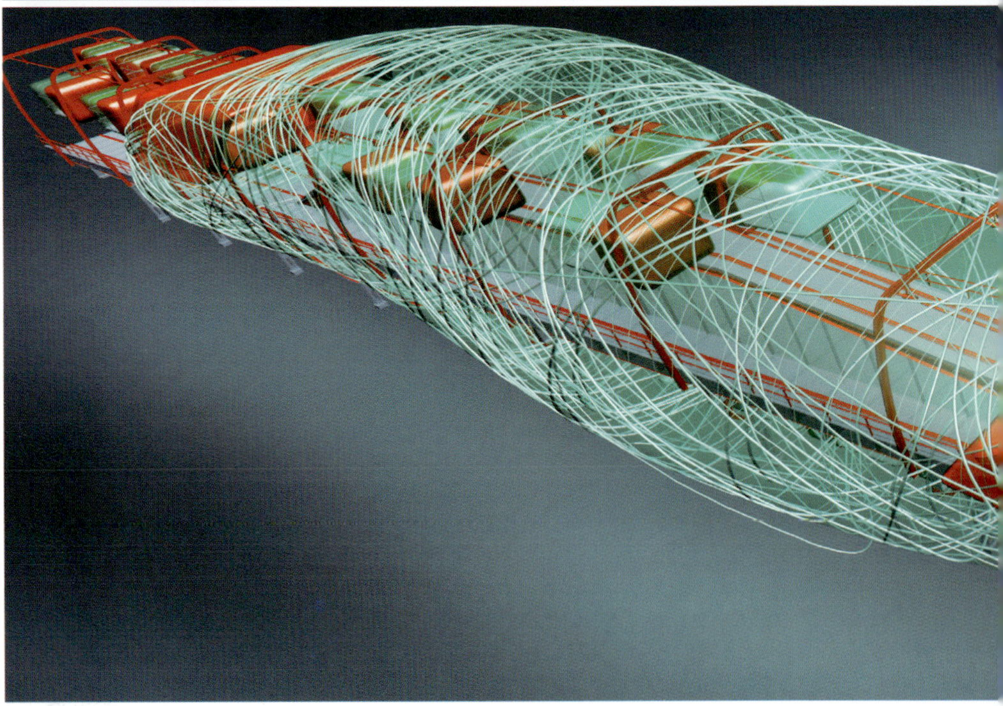

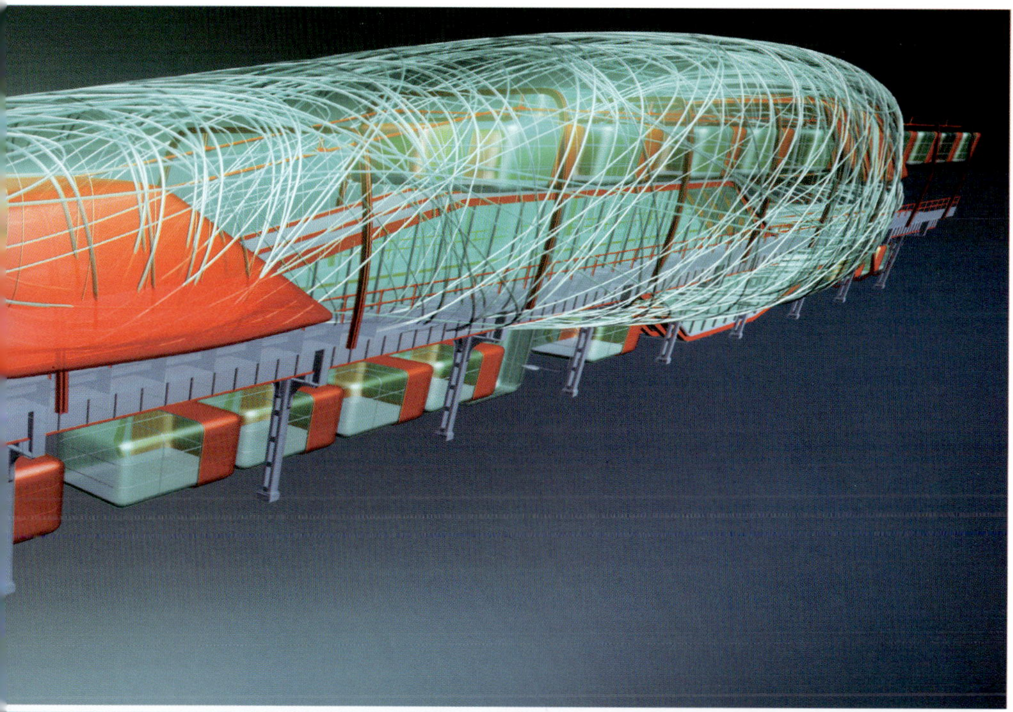

Ecocoon For Recycling / Belgium,2003

17 可循环的生态茧

2003年，比利时

这是一个针对高度污染地区的实验性生态农场项目，是一个集风力能源、生物能源、废弃物循环利用等绿色技术于一体的都市住宅混合体，其目的是减少从制造到消费所消耗的资源与能量，为未来的建筑、环境以及农业之间的相互作用定义新的环境准则。

一个生态的建筑性概念

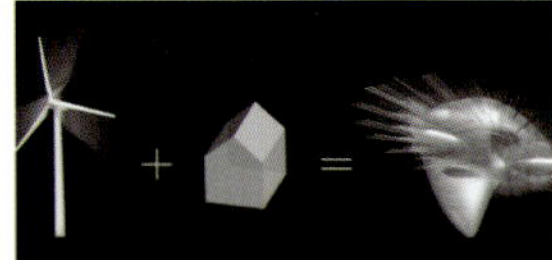

生态茧是一个风力能源和都市住宅的混合体，其目的是减少从制造到消费所消耗的能量。这是一个动植物群可以同居的巨大电池，一部分由其储存的风能被用来回收社会消费所产生的废弃物，同时生成诸如空气、水以及泥土等不同的自然元素。我们能够清晰地定义出这一过程的范例：1.材料：废弃物；2.目标：生态性；3.方法：自然循环回收；4.场地：被污染的区域。

地点：比利时遭到污染的区域

位于因海洋、耕地、工业或城市污染而被侵蚀的地方，生态茧总体来说是一种交互性的实验室，它希望被作为居民与环境变化之间的控制性交界，来保证环境的可持续性。污染对于比利时来说是一个不容忽视的问题。诸如默兹河这样的主要饮用水源都已经被生产、耕作以及钢铁制造业的废弃物所污染，工业和交通造成的空气污染对于城市的温室效应和酸雨负有一定责任，新的耕作技术也在不断地污染着原本适合耕作的土地。

激活和重新激活现有的环境

作为唯一的化石能源，比利时的煤矿都已经关闭，居民们需要绿色的电能。如果仔细观察天然气与原油不可逆转的消费，就能发现需要一种更加完美的能源（政府计划在2010年使全部能源的12%来自可更新能源，1.6%来自水力发电，3.1%来自风力发电，3.3%来自生物发电，4%来自废热）。

利用自然过程产生绿色能源

生态茧看起来像一个盘踞在地面上的毛茸茸的茧。它的毛发实际上是一种碳催化剂，能够通过收集水蒸气来生成水，并将电能中的空气振动或是摩擦力转化为光和热。在由聚碳酸酯管所构成的双层表皮下面，多层菌床将废弃物和污染元素进行生物降解，同时由连接风力发电园区的具有生物活性的电池将直流电流转化为交流电流。它们在整个过程当中存储电能并将其提供给整个电力网络。

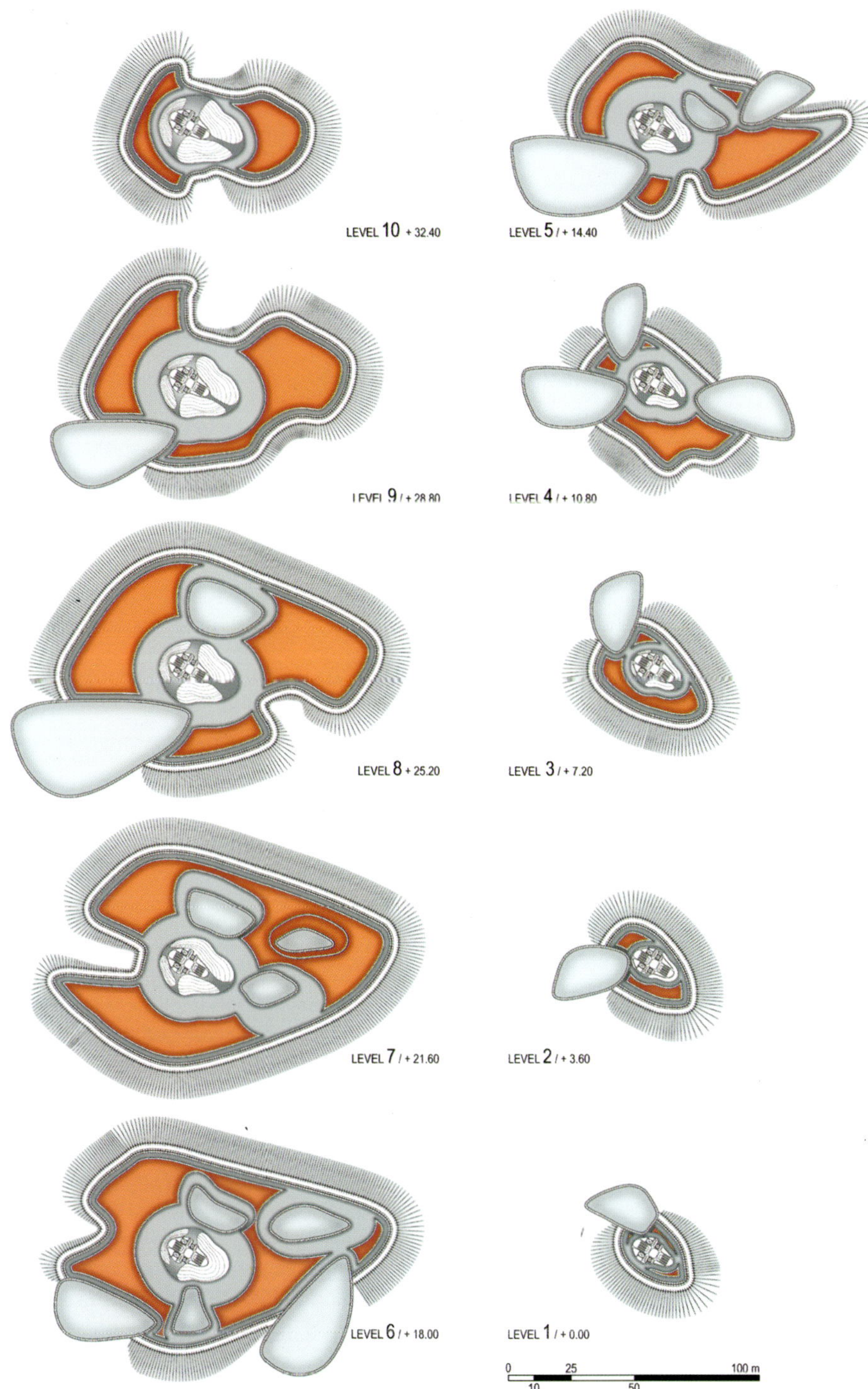
LEVEL 10 + 32.40
LEVEL 5 / + 14.40
LEVEL 9 / + 28.80
LEVEL 4 / + 10.80
LEVEL 8 + 25.20
LEVEL 3 / + 7.20
LEVEL 7 / + 21.60
LEVEL 2 / + 3.60
LEVEL 6 / + 18.00
LEVEL 1 / + 0.00
0
25
100 m
10
50

A．建筑反应与景观反应

“生态茧”利用风能来改变实体环境，同时也改变着居住在风机附近居民的心态。它悬挂在30米的高空，作为风机（电力制造方）与人（电力消耗方）之间的交互式终端，其内在的风驱动能在能量上产生的巨大转变以及对于废弃物的回收利用状况都会反映在其毛发的色度变化上，它因而变成了环境中的一盏灯，清晰地显示着自身的存在以及其创造性的角色，来治愈受到伤害的环境。

作为一种可循环资源技术，生物茧的每一个部件都拥有产生能量的功能，能够改善建筑与城市总是在不断地消耗能源、同时排放其消耗后的废弃物以对环境和生态系统的破坏这样的恶性循环。“生态茧”将这一关系倒置，提出了能够与绿色能源互动进而对环境污染产生免疫的生态建筑。

“生态茧”被建立在四个污染高风险地区内，并根据每个区域的具体条件调整：首先是具有耕作功能的农场以及城市化了的乡村，其次是城市形态区域，而最后则是工业制造区域。

环境1: 海洋和森林地区
问题：海洋区域中，由水上交通带来的污染造成的水质变暖扰乱了植物群；由于向海中倾倒诸如柴油等危险性物质而造成生态系统的紊乱，海草和细菌拒绝分解化学性污染物。
森林地区：林地的减少、有机碎屑的积累，以及化学养料的使用。

解决方法：将具有污染性的废弃物以及甲烷吸收到生物茧内形成堆积的肥料，进而制造出能够作为有机养料的自然废弃物。通过生物茧的有机层对废水进行纯化从而回收再利用。通过生物质能和热电联产来制造软能量，并利用储存的风能来加速分解废弃物。

环境2：具有耕作功能的市郊以及城市化后的乡村
问题：土地被化学养料、杀虫剂、除草剂等污染；水体和水源的污染；耕作和生活废弃物的堆积。

解决方法：将生物群落和来自于栽培与生活的废弃物纳入能量生产的终端当中。通过诸如玉米之类的谷物、高碳糖茎和木材等植物来制造油，使能量再生覆盖了大量的植物。这一过程能够产生固体废弃物（农业或生活上的），也可能产生液态废弃物（使用过的水、动物排泄物等），所有的废弃物都能够被放入生物茧的菌床上——一个能够进行气密厌氧发酵的肥料堆当中。通过转化制造的热能以及积蓄的风能来加速整个过程。当地的生物群落具有巨大的产生可再生能源的潜力，在其多达50万公顷的森林、农业以及出现在一半土地上的畜牧业的基础上，能够在短期内有效地通过使用丰富、可再生并易于获得的能量来满足其部分的能源需求。

通过生物性甲烷化的堆积制造出来的沼气能源被用于城市取暖，而动物排泄物通过农业当中的高级分解者来进行收集。肥料堆将经过降解的污水储存起来，沼气则被储存在生物茧当中作为气体发动机的燃料，同时还能产生电力。

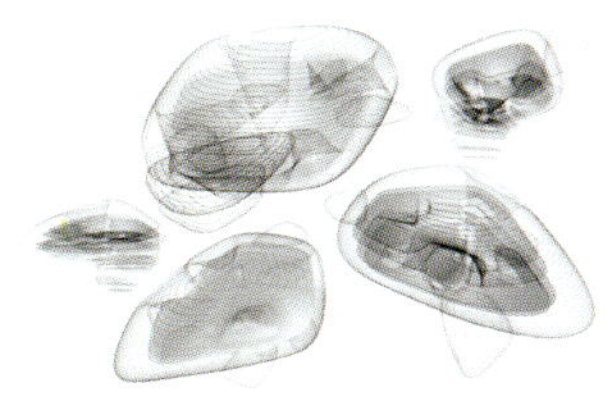

环境3：具有都市形态的地区
问题：大气污染；二氧化碳的排放；城市天际线上空的让人窒息的烟雾；臭氧层的加速崩溃；酸雨；不断上升的温度和温室效应。

解决方法：利用废热同时发热和发电是热力和机械能通过电力从能量源中转化出来的技术。在方案当中，所有人类产生的来自可再生资源的废弃物（生活、管理、工业垃圾以及沼气等）都从运河集中到生物茧当中。“生物茧”内部废热发电的主要优势是减少使用每一单位化石燃料能量造成的温室效应气体。此外，这一举措的效果通过使用非化石型燃料（生物能量、沼气、垃圾焚化）来最大化，同时通过平衡二氧化碳在生物茧温室中的排放来增强有利于吸收二氧化碳的植物的生长。

方案中所设置的风机是为了加强道路系统的自然通风，此外，生态茧表皮上的空气动能洼地也使污浊的二氧化碳气体的输送成为可能。这样二氧化碳就通过生物反应器中的真皮和整齐的盒状物中种植的植物的光合作用吸收到双层表皮中。

环境4：工业区
问题：热电站和工业生产造成的烟雾；河流污染；挥发性灰尘的外泄。

解决方法：生态茧当中的生物反应器利用风机产生的空气流动来工作，整个系统通过工业废弃物与有机污水混合后的发酵物所产生的生物群落与污染空气的流动来进行工作。每一个生物反应器内都包含了一些支撑层和为生物群落提供生存区域并吸收污染空气的惰性聚合体所构成的生物催化剂。

它们灌溉不同的生物层，并为之提供刺激微生物活动的营养元素，同时还保持了系统的酸碱平衡以及其他生物群落活动所必需的条件。因而，大量诸如溶剂类的工业废弃物就都同时被从环境当中回收。

B．生态茧的构件

1．毛发：作为一座建筑，“生态茧”能将自身产生的能量回输进能量网。其空气动力学的外形由大量立方体状的碳催化剂构成，它们吸收太阳能和空气振动所产生的能量，使“生态茧”

能够自给自足地满足其自身的能量需求。此外，这些立方体通过静电摩擦来吸引挥发性尘埃形成一个独立的层，并保证内部有机层降解所需要的湿度。

2. 光电表皮：“生态茧”被聚碳酸酯的双层表皮所包裹，支撑表皮的则是包裹有硅晶体，并通过利用废弃物降解和风动能产生的热空气来充气。这种空气隔离层将“生态茧”从环境中独立出来，并能够回收二氧化碳气体。碳酸气同沼气（来自发酵产生的生物气体）一同被回收来制造“生态茧”本身需要的热量能源，而剩余的气体则被输送到城市供热网当中。

3. 立方体状表皮：外表皮通过光电太阳能来制造电力，同时直流电被不断地转化成交流电。其内层则是通过太阳热能来制造能量。其表皮由立方体状的捕捉器构成，黑色的体量具有非常好的热传导性能，并不断通过流入体内的直流电来传导热量。地表水通过将轻质的混合物与较重的污染沉淀物分离来进行回收利用。发酵作用产生的泥浆则被转化为有机养料，而清洁的水则被储藏起来并重新注入城市供水管网当中。

4. 菌床：由废弃物和植物性堆积物所构成的能量生物群落被从环境当中集中起来，放到充满厌氧降解物的沼气池中。废弃物降解过程中产生的沼气在废弃物产生的热量带动下，经碳催化剂的作用被分离成碳、氢和水。在这个过程当中，植物将碳酸气体吸收进来并通过光合作用将其转化为氧气，这使得废料和污水的净化成为可能，同时将产生的气体引入生物反应器的沼气当中来生成电能。

5. 生物反应器：生物反应器像电池一样储存风机产生的能量，此外，它还将生物群落与污染物联系起来，通过诸如加速微生物活性之类的生物性催化作用来将其回收利用。

C. “生态茧”与风机的交互作用

生态茧的工作原理与风机园区的能量制造直接相关。事实上，风机产生的不间断电流被转化为交流电并储存到生态茧的电池当中。通过为那些活体提供所需要的最小量的热量和湿度来将其融入自然循环和软性能量当中，这一转化储存过程使得向生态茧的不同构件（菌床、生物反应器、立方体状表皮等）输送能量成为可能。

这一交互式作用通过生态茧的毛发和表皮发光体的比色度变化来显示其产生的反应，彩色的发光度不断地根据风能制造的效率和人类的能量需求变化而变化。生态茧因而成为了能量制造者和消费者之间的一个真正具有参与性、管理性和社会性的交汇处。

正像内部透视图所显示的那样，生态茧是杂交并储存生物能源的一种原始的生态建筑。光合作用温室、生物反应器、肥料堆、具有可回收废水的有机层的水体以及厌氧消化带都在一种未来主义的空间中得到实现。

建筑、环境以及农业之间的相互作用将会为未来定义出新的环境准则，制造者和消费者将同时被集中在生态茧当中！

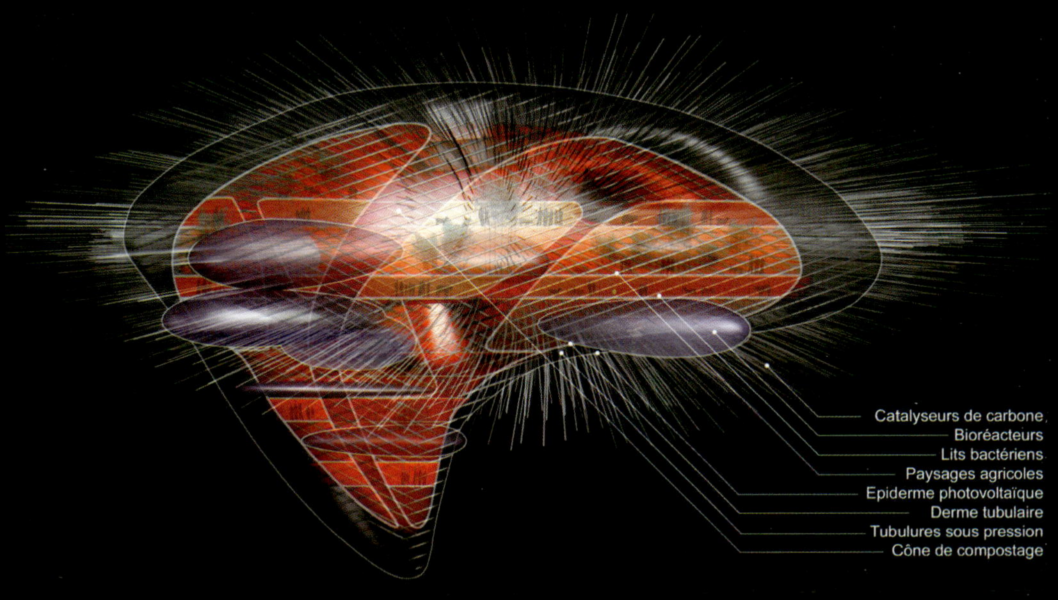

Catalyseurs de carbone
Bioréacteurs
Lits bactériens
Paysages agricoles
Epiderme photovoltaïque
Derme tubulaire
Tubulures sous pression
Cône de compostage

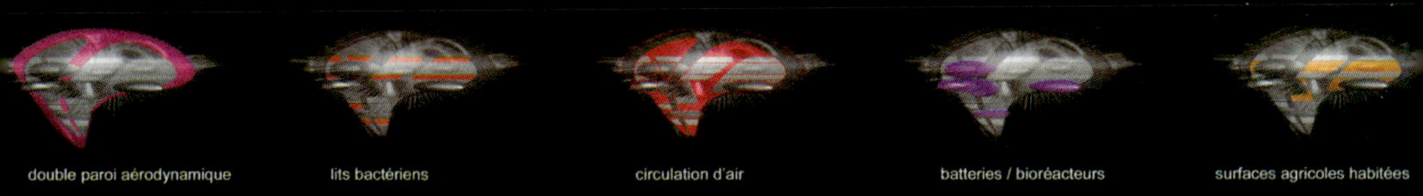

double paroi aérodynamique
lits bactériens
circulation d'air
batteries / bioréacteurs
surfaces agricoles habitées

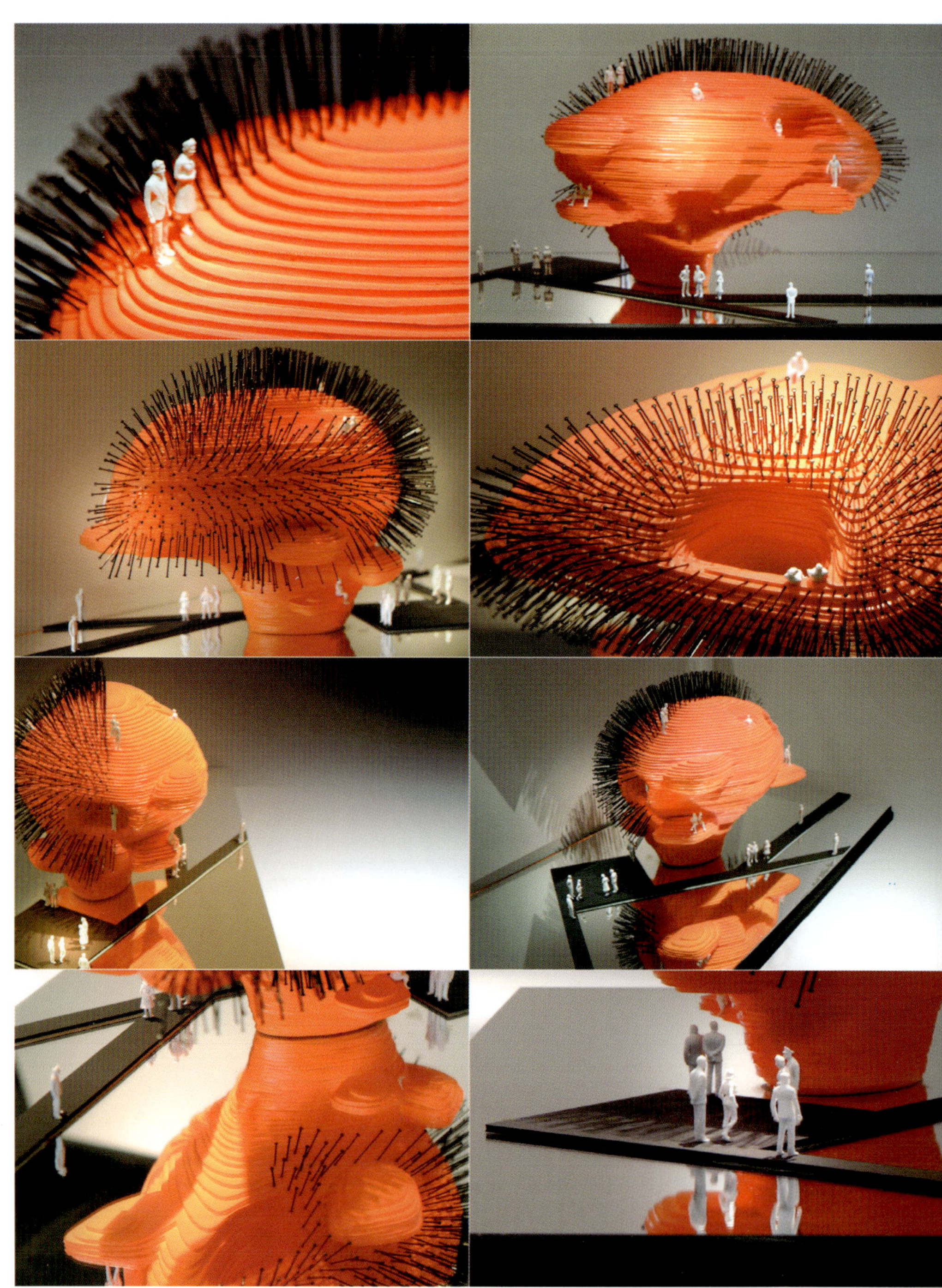

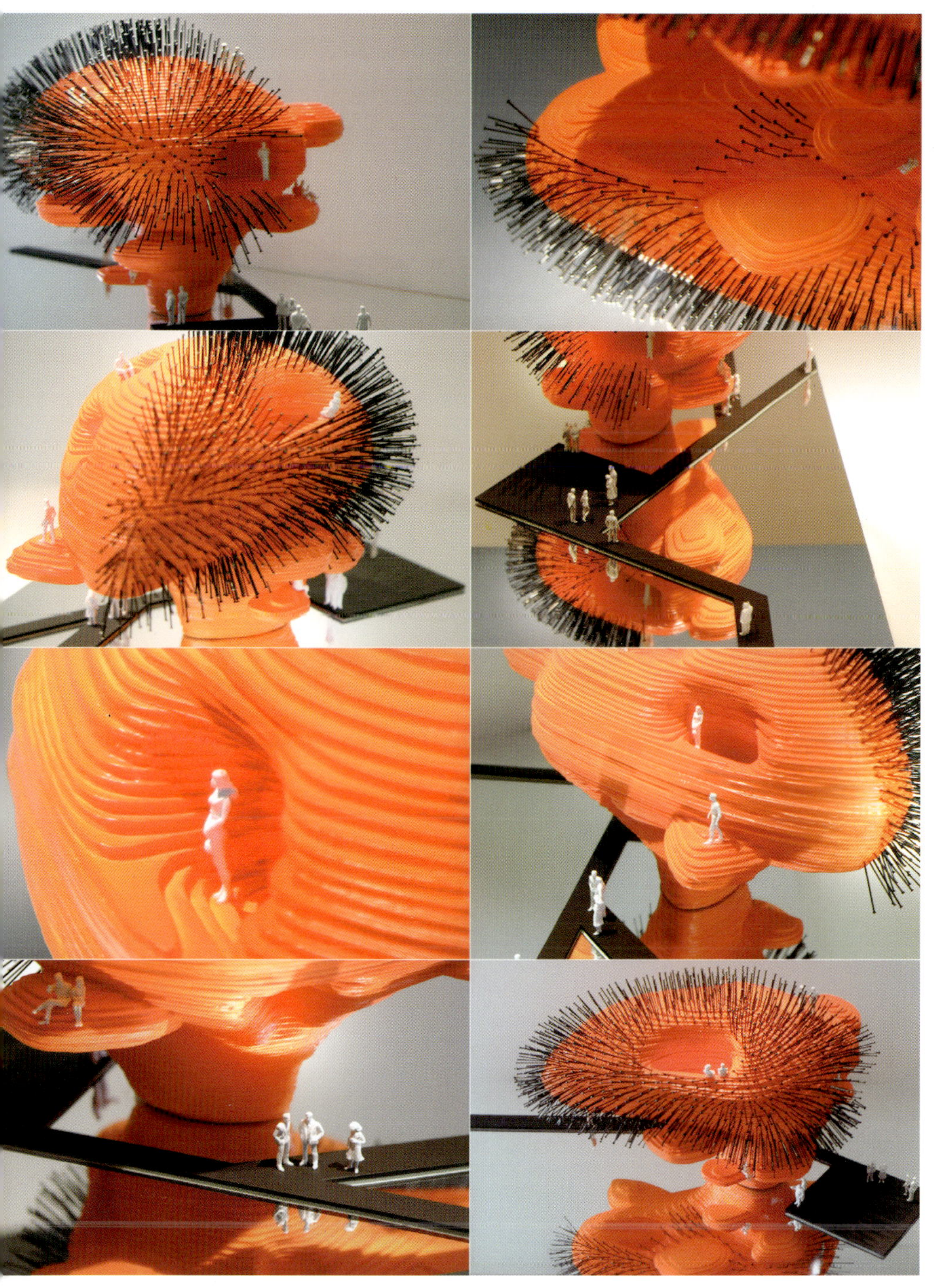

丛书策划： 仇宏洲

本套丛书在编写、制作过程中，得到了蓝青、舒玉莹、王俊法、李挺、袁景帅、张颖、张新、杨波、凡晓芝、高君、林斌、高建国、华建等人给予的大力支持与帮助，在此一并表示感谢。

简介_vincent Callebaut

Vincent Callebaut长期致力于对未来生态都市的思考，同时关注人类行为和环境间关系的平衡。他的系列设计围绕环境恶化和全球升温给人类及生态系统带来的前所未有的挑战，探索一种在可持续发展当中与环境保持互动的、能使用高效率和可再生能源并实现资源循环利用的、能实现自我管理与资源实时配置的、具有生物性形态和基因多样性的“活”的建筑。这些探索成为全球建筑学界瞩目的焦点，也为建筑师本人带来了国际声誉。其概念性生态城市原型方案“睡莲之城”在建筑界及公共社会都产生了广泛影响。